普通高等院校计算机基础教育规划教材·精品系列
全国高等院校计算机基础教育研究会计算机基础教育教学研究项目成果

Access 2016 数据库应用技术
教程上机指导

U0183863

赵洪帅　编著

中国铁道出版社有限公司
CHINA RAILWAY PUBLISHING HOUSE CO., LTD.

内 容 简 介

本书作为主教材《Access 2016 数据库应用技术教程》（中国铁道出版社出版有限公司，赵洪帅编著）一书的配套实验教材，根据教育部高等学校文科计算机基础教学指导委员会编写的《高等学校文科类专业大学计算机教学基本要求（第 6 版——2011 年版）》以及教育部考试中心 2019 年推出的全国计算机等级考试新大纲，围绕主教材的内容精心编写而成。全书共分为 2 篇：第 1 篇是上机实验，第 2 篇是全国计算机等级考试（二级 Access）专项训练。其中，第 1 篇以"教学管理"数据库为例，从建立空数据库开始，逐步建立数据库中的各种对象，直至完成一个完整的小型数据库管理系统，使读者能够通过练习，由浅入深、循序渐进地掌握 Access 的知识点和使用方法；第 2 篇涵盖了最新版全国计算机等级考试（二级 Access）考试大纲的内容。附录中给出了课程实训说明，介绍了实训目的、任务、要求、进度、安排、提交成果及任务书等内容。

本书适合作为高等院校非计算机专业的"数据库应用技术"课程实训教材，也可作为全国计算机等级考试（二级 Access）的备考用书，还可供计算机爱好者自学使用。

图书在版编目（CIP）数据

Access 2016 数据库应用技术教程上机指导 / 赵洪帅编著 . —北京：中国铁道出版社有限公司，2020.6（2023.7 重印）
普通高等院校计算机基础教育规划教材 . 精品系列
ISBN 978-7-113-26769-8

Ⅰ. ① A… Ⅱ. ①赵… Ⅲ. ①关系数据库系统 - 高等学校 - 教学参考资料 Ⅳ. ① TP311.138

中国版本图书馆 CIP 数据核字（2020）第 054689 号

书　　名：Access 2016 数据库应用技术教程上机指导
作　　者：赵洪帅

策　　划：魏　娜　　　　　　　　　　编辑部电话：（010）51873202
责任编辑：刘丽丽
封面设计：MXK DESIGN STUDIO
责任校对：张玉华
责任印制：樊启鹏

出版发行：中国铁道出版社有限公司（100054，北京市西城区右安门西街 8 号）
网　　址：http://www.tdpress.com/51eds/
印　　刷：番茄云印刷（沧州）有限公司
版　　次：2020 年 6 月第 1 版　2023 年 7 月第 3 次印刷
开　　本：787 mm×1 092 mm　1/16　印张：11.50　字数：278 千
书　　号：ISBN 978-7-113-26769-8
定　　价：35.00 元

PREFACE 前 言

　　本书是根据教育部高等学校文科计算机基础教学指导委员会组织制定的《高等学校文科类专业大学计算机教学要求（第 6 版——2011 年版）》在数据库方面的相关要求，并围绕主教材的内容精心编写而成，以供高校学生配合学习与上机操作，真正做到理论与实践相结合。

　　Access 2016 是 Microsoft 公司新推出的数据库管理系统软件，微软对 Access 2010 的支持将于 2020 年 10 月 13 日终止，并且不再提供任何扩展，也不会提供扩展的安全更新。全国计算机等级考试二级 Access 数据库程序设计也将开始使用 Access 2016 版本。本书就是针对这一系列变化在《Access 2010 数据库应用技术上机指导》（第二版）的基础上重新编写的。本书是全国高等院校计算机基础教育研究会计算机基础教育教学研究项目成果。

　　本书作为《Access 2016 数据库应用技术教程》（中国铁道出版社有限公司出版，赵洪帅编著）一书的配套实验教材，共分为 2 篇：第 1 篇是上机实验，第 2 篇是全国计算机等级考试（二级 Access）专项训练。其中，第 1 篇以"教学管理"数据库为例，从建立空数据库开始，逐步建立数据库中的各种对象，直至完成一个完整的小型数据库管理系统，使读者能够通过练习，由浅入深、循序渐进地掌握 Access 的知识点和使用方法；第 2 篇涵盖了最新版全国计算机等级考试（二级 Access）考试大纲的内容，因此本书亦可作为等级考试参考用书。附录中给出了课程实训说明，介绍了实训目的、任务、要求、进度安排、提交成果及任务书等内容。

　　本书由赵洪帅编著。编者是多年从事高校计算机基础教学和等级考试培训的教师，具有丰富的理论知识、教学经验和实践经验。本书在编写上，注重理论与实践紧密结合，注重实用性和可操作性；在案例设计上，注意从读者日常学习和工作的需要出发；在文字叙述上，注重深入浅出，通俗易懂。

为了帮助教师使用本书进行教学工作，方便学生自学，编者准备了教学辅导资源，包括部分章节习题的详细解析、书中所用的素材等，需要者可从中国铁道出版社有限公司网站（http://www.tdpress.com/51eds/）的下载区下载。

感谢中央民族大学信息工程学院公共计算机教学部的各位老师对本书编写方面的支持和帮助，另外还要感谢中国铁道出版社有限公司的编辑悉心策划和指导。

由于编者水平有限，书中难免存在疏漏和不足之处，恳请读者批评指正，以便于本书的修改和完善。如有问题，可以通过 E-mail（zhaohs_muc@163.com）与编者联系。

编　者

2020 年 1 月

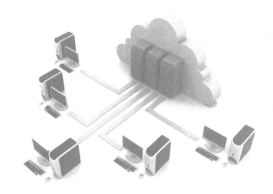

CONTENTS 目 录

第 1 篇 上 机 实 验

第 2 篇　全国计算机等级考试（二级 Access）专项训练

第 1 篇

上机实验

第 *1* 章
数据库基础与 Access 2016

【实验 1-1】　Access 2016 的启动和退出

一、实验目的

熟悉 Access 2016 应用程序的启动和退出。

二、实验内容及步骤

【实验任务❶】启动 Access 2016 应用程序。

操作方法如下：

- 单击 "开始" → "Access 2016" 命令，即可启动 Access 2016 应用程序。
- 如果在桌面上或任务栏中建立了 Access 2016 的快捷方式，可直接双击桌面上的快捷方式图标，或单击任务栏中的快捷方式图标，即可启动 Access 2016 应用程序。

【实验任务❷】退出 Access 2016 应用程序。

操作方法如下：

- 单击已打开的应用程序窗口右上角的 "关闭" 按钮，即可退出 Access 2016 应用程序。
- 右击标题栏，从打开的快捷菜单中单击 "关闭" 命令，即可退出 Access 2016 应用程序。
- 直接按【Alt+F4】组合键，即可退出 Access 2016 应用程序。

【实验 1-2】　Access 2016 帮助系统的使用

一、实验目的

学会使用 Access 2016 帮助系统。

二、实验内容及步骤

【实验任务】获取帮助。

通过"Access 帮助",可以详细了解软件的功能、使用方法、疑难问题、解决方法等。学会使用"Access 帮助"解决具体的实际问题,提高自主解决问题的能力。

操作步骤如下:

(1)启动 Access 2016 应用程序。

(2)单击程序窗口右上角的"Microsoft Office 帮助"按钮即可打开帮助文档窗口,如图 1-1 所示。选择其中的项目或输入搜索即可获得全面的系统帮助。

图 1-1　"Access 2016 帮助"窗口

第 2 章

创建与管理数据库

 【实验 2-1】 创建数据库

一、实验目的

学会创建数据库。

二、实验内容及步骤

【实验任务】创建一个空数据库，名称为"教学管理"。

操作步骤如下：

（1）启动 Access 2016 应用程序。

（2）进入 Access 2016 的启动屏幕，如图 2-1 所示，在其中选择"空白桌面数据库"选项。

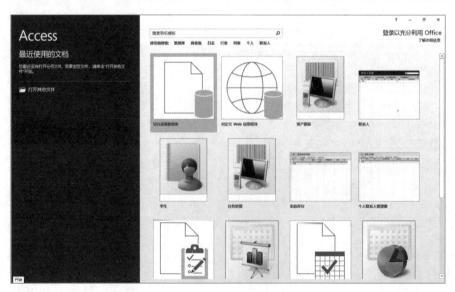

图 2-1　Access 2016 的启动屏幕

（3）在弹出的对话框中输入数据库的名称"教学管理"。

说明：若要更改文件的创建位置，请单击"文件名"文本框后边的"浏览"按钮，通过浏览查找并选择新的位置，然后单击"确定"按钮。

（4）单击"创建"按钮，弹出"教学管理"数据库窗口，完成空数据库的创建。

 **【实验 2-2】　数据库的打开和关闭**

一、实验目的

学会数据库的打开与关闭。

二、实验内容及步骤

【实验任务❶】以独占方式打开"教学管理"数据库。

操作步骤如下：

（1）启动 Access 2016 应用程序。

（2）单击"打开"→"其他位置"→"浏览"按钮。

（3）在"打开"对话框中，选择"教学管理"数据库文件所在的位置，然后选择"教学管理"数据库文件。

（4）单击"打开"下拉按钮，在弹出的下拉列表中选择"以独占方式打开"命令，如图 2-2 所示，即可实现以独占方式打开"教学管理"数据库。

图 2-2　"打开"对话框

【实验任务❷】关闭数据库。

操作步骤如下：

单击"文件"选项卡→"关闭"按钮，即可关闭数据库。

【实验 2-3】　管理数据库

一、实验目的

（1）学会设置数据库的相关属性。

（2）学会设置数据库的密码。

二、实验内容及步骤

【实验任务❶】打开"教学管理"数据库，设置数据库的标题为"教学管理系统"，数据库的单位为本人所在学校名称，添加数据库的开发者为自己的姓名。

操作步骤如下：

（1）打开"教学管理"数据库。

（2）单击"文件"选项卡→"信息"按钮，在右侧的视图中单击"查看和编辑数据库属性"超链接。

（3）在数据库属性对话框中，选择"摘要"选项卡，如图 2-3 所示，填写"标题"和"单位"等信息。

图 2-3　设置"摘要"选项卡

（4）在数据库属性对话框中，选择"自定义"选项卡，在"名称"文本框中输入"所有者"，在"取值"文本框中输入自己的姓名，然后单击"添加"按钮，如图 2-4 所示。

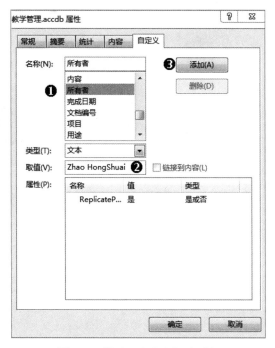

图 2-4　设置"自定义"选项卡

（5）单击"确定"按钮，关闭数据库属性对话框完成设置。

【实验任务❷】设置"教学管理"数据库的打开密码为 password。

操作步骤如下：

（1）以独占方式打开"教学管理"数据库。

（2）单击"文件"选项卡→"信息"→"用密码进行加密"按钮，弹出"设置数据库密码"对话框，如图 2-5 所示。

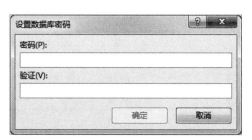

图 2-5　"设置数据库密码"对话框

（3）在"密码"文本框中输入密码 password。

（4）在"验证"文本框中，再次输入密码以进行确认，然后单击"确定"按钮完成设置。

说明： 若下次打开数据库时，系统会弹出要求输入密码的对话框。

第 3 章
表

 【实验 3-1】 使用"数据表视图"创建表

一、实验目的

学习使用"数据表视图"创建表。

二、实验内容及步骤

【实验任务】使用"数据表视图"创建"学生"表,表结构如表 3-1 所示。

表 3-1 "学生"表结构

字 段 名 称	数 据 类 型	字 段 大 小	是否是主键
学号	短文本	9	主键
姓名	短文本	20	
性别	短文本	1	
民族	短文本	10	
政治面貌	短文本	10	
出生日期	日期 / 时间		
所属院系	短文本	2	
简历	长文本		
照片	OLE 对象		

操作步骤如下:

(1)打开"教学管理"数据库。

(2)单击"创建"选项卡→"表格"选项组→"表"按钮,将显示一个空数据表。

(3)选择"ID"字段列,单击"表格工具"→"字段"选项卡→"属性"选项组→"名称和标题"按钮,如图 3-1 所示。

图 3-1　单击"名称和标题"按钮

（4）弹出"输入字段属性"对话框，在"名称"文本框中输入"学号"，如图 3-2 所示，单击"确定"按钮。

图 3-2　"输入字段属性"对话框

（5）选择"学号"字段列，单击"字段"选项卡→"格式"选项组→"数据类型"下拉按钮，从弹出的下拉列表中选择"短文本"；在"属性"选项组中的"字段大小"文本框中输入字段大小值 9，如图 3-3 所示。

图 3-3　设置数据类型和字段大小

（6）单击"单击以添加"列的下拉按钮，从弹出的下拉列表中选择"短文本"，这时Access 自动为该新字段命名为"字段 1"，如图 3-4 所示。在"字段 1"文本框中输入"姓名"，在"表格工具"→"字段"选项卡→"属性"选项组的"字段大小"文本框中输入20。

图3-4　添加新字段

（7）按照表3-1所示"学生"表结构，参照第（6）步添加其他字段，最终结果如图3-5所示。

图3-5　使用"数据表视图"创建"学生"表结果

（8）单击快速访问工具栏上的"保存"按钮，弹出"另存为"对话框，在对话框中输入表名称"学生"，单击"确定"按钮保存该数据表。

> 说明：使用"数据表视图"建立表结构时无法进行更详细的属性设置。对于比较复杂的表结构，可以在创建完毕后使用设计视图修改。

 【实验3-2】　使用"设计视图"创建表

一、实验目的

（1）学习使用"设计视图"创建表。
（2）学习"主键"的设置。

二、实验内容及步骤

【实验任务❶】使用"设计视图"创建"教师"表，表结构如表 3-2 所示。

表 3-2　"教师"表结构

字 段 名 称	数 据 类 型	字 段 大 小	是否是主键
编号	短文本	7	主键
姓名	短文本	4	
性别	短文本	1	
出生日期	日期 / 时间		
学历	短文本	10	
职称	短文本	10	
所属院系	短文本	2	
办公电话	短文本	8	
手机	短文本	11	
是否在职	是 / 否		
电子邮件	超链接		

操作步骤如下：

（1）单击"创建"选项卡→"表格"选项组→"表设计"按钮，打开表的"设计视图"。

（2）单击"设计视图"的第 1 行"字段名称"列，并在其中输入"编号"；单击"数据类型"列的下拉按钮，在弹出的下拉列表中选择"短文本"数据类型；在下方"字段属性"区"常规"选项卡中设置"字段大小"为 7，如图 3-6 所示。

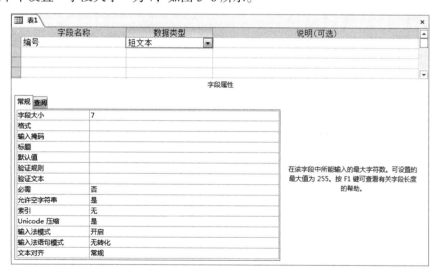

图 3-6　在表的"设计视图"中设计"编号"字段

（3）单击"设计视图"的第 2 行"字段名称"列，并在其中输入"姓名"；单击"数据类型"列的下拉按钮，在弹出的下拉列表中选择"短文本"数据类型；在"字段属性"区设置"字段大小"为 4。

（4）按同样的方法，分别设计"教师"表中的其他字段。

（5）定义完全部字段后，单击第一个字段（"编号"字段）的字段选定器（字段名称右侧的小方块），然后单击"表格工具"→"设计"选项卡→"工具"选项组→"主键"按钮，将该字段定义为所建表的一个主键。

> **说明：** 在一个数据表中，若某一字段或几个字段的组合值能够唯一标识一个记录，则称其为关键字（或键）。当一个数据表有多个关键字时，可从中选出一个作为主关键字（主键）。

（6）单击快速访问工具栏上的"保存"按钮，弹出"另存为"对话框，在对话框中输入表名称"教师"，单击"确定"按钮保存该表。

【实验任务❷】使用"设计视图"创建"课程"表、"成绩"表、"院系"表和"授课"表，具体表结构如表3-3～表3-6所示。

表3-3 "课程"表结构

字 段 名 称	数 据 类 型	字 段 大 小	是否是主键
课程编号	短文本	5	主键
课程名称	短文本	30	
课程类别	短文本	10	
学时	数字	整型	
学分	数字	整型	
课程简介	长文本		

表3-4 "成绩"表结构

字 段 名 称	数 据 类 型	字 段 大 小	是否是主键
学号	短文本	9	主键
课程编号	短文本	5	主键
分数	数字	单精度型	

表3-5 "院系"表结构

字 段 名 称	数 据 类 型	字 段 大 小	是否是主键
院系编号	短文本	2	主键
院系名称	短文本	10	
院长姓名	短文本	8	
院办电话	短文本	8	
院系网址	超链接		

表3-6 "授课"表结构

字 段 名 称	数 据 类 型	字 段 大 小	是否是主键
教师编号	短文本	7	主键
课程编号	短文本	5	主键
学期	短文本	11	
授课时间	短文本	10	
授课地点	短文本	20	

操作步骤可参照"教师"表的创建过程。

【实验 3-3】　设置字段属性

一、实验目的

学习字段属性的设置。

二、实验内容及步骤

【实验任务】对"教师"表进行字段属性的设置。

（1）设置"出生日期"字段的格式为短日期格式。

（2）将"办公电话"字段的输入掩码设置为"010-********"形式。其中，"010-"部分自动输出，后 8 位为 0 ~ 9 的数字显示。

（3）将"是否在职"字段的"默认值"属性设置为真值。

（4）将"性别"字段的"验证规则"属性设置为只能输入男或女，"验证文本"设置为"请输入男或女"。

（5）将"教师"表中的"姓名"字段设置为"有（有重复）"索引。

操作步骤如下：

（1）打开"教学管理"数据库。

（2）在"导航窗格"中选中"教师"表，然后右击，在弹出的快捷菜单中选择"设计视图"命令，如图 3-7 所示，打开表的"设计视图"。

图 3-7　"导航窗格"界面

（3）单击选中"出生日期"字段，再选中其"字段属性"区中的"格式"，在其右侧的下拉列表中选择"短日期"选项，如图 3-8 所示。

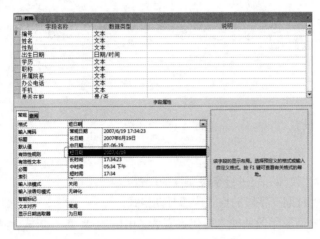

图 3-8 选择"短日期"格式

（4）选中"办公电话"字段，再选中其"字段属性"区中的"输入掩码"，在其右侧文本框中输入""010-"00000000"（这里的双引号要在英文状态下输入），如图 3-9 所示。

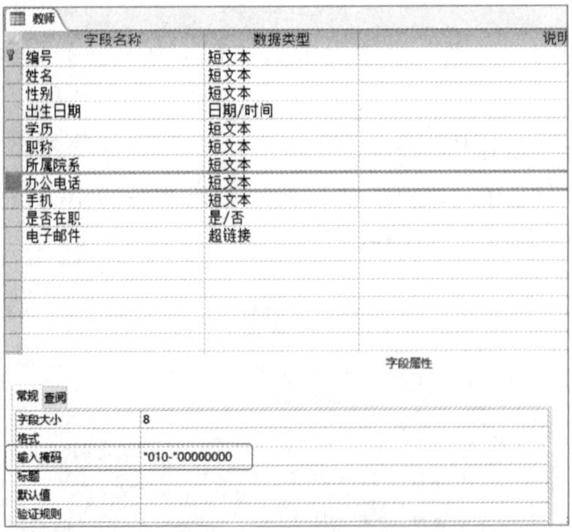

图 3-9 设置"输入掩码"属性

（5）选中"是否在职"字段，在"默认值"文本框中输入"True"，结果如图 3-10 所示。

图 3-10 设置"是否在职"字段的"默认值"属性

（6）选中"性别"字段，在"验证规则"文本框中输入""男"Or"女""，在"验证文本"文本框中输入"请输入男或女"，结果如图 3-11 所示。

图 3-11　验证规则和验证文本的设置

（7）选中"姓名"字段，再选中其"字段属性"中的"索引"，在右侧下拉列表中选择"有（有重复）"选项，如图 3-12 所示。

图 3-12　"索引"属性设置

（8）单击快速访问工具栏上的"保存"按钮，保存该表的修改。

【实验 3-4】　表记录输入

一、实验目的

学习表记录的输入。

二、实验内容及步骤

【实验任务❶】为表对象"学生"输入 3 条记录，输入内容如表 3-7 所示。

表 3-7　要输入的 3 条记录

学　号	姓　名	性　别	民　族	政治面貌	出生日期	所属院系	简　历	照　片
202001001	塔娜	女	蒙古族	团员	2003/1/30	01	组织能力强，善于表现自己	
202001002	荣仕月	男	壮族	群众	2003/7/9	01	组织能力强，善于交际，有上进心	照片
202001003	林若涵	女	汉族	团员	2001/2/5	01	有组织，有纪律，爱好相声和小品	

操作步骤如下：

（1）在"数据表视图"下打开"学生"表。

（2）从第 1 个空记录的第 1 个字段分别开始输入，当输入到"照片"字段时，将鼠标指针指向要输入记录的"照片"字段列，然后右击，在弹出的快捷菜单中选择"插入对象"命令，在弹出的窗口中选择"由文件创建"单选按钮，单击"浏览"按钮，在弹出的"浏览"对话框中，选择存储图片的文件夹，在列表框中找到并选中所需图片文件，然后单击"打开"按钮关闭"浏览"对话框，再单击"确定"按钮，完成照片的输入。

（3）全部记录输入完成后，单击快速访问工具栏上的"保存"按钮，保存表中的数据。

【实验任务❷】为"学生"表对象中的"政治面貌"字段创建查阅列表。列表中显示"团员"、"预备党员"、"群众"和"其他"。

操作步骤如下：

（1）打开"学生"表的"设计视图"。

（2）选择"政治面貌"字段。

（3）在"数据类型"右侧的下拉列表中选择"查阅向导"，弹出"查阅向导"的第一个对话框，选择"自行键入所需的值"单选按钮，如图 3-13 所示。

（4）单击"下一步"按钮，弹出"查阅向导"的第二个对话框。在"第 1 列"的每行中依次输入"团员"、"预备党员"、"群众"和"其他"，每输入完一个值可以按【Tab】键或向下箭头转到下一行。查阅列表设置结果如图 3-14 所示。

（5）单击"下一步"按钮，弹出"查阅向导"的最后一个对话框。在该对话框中的"请为查阅列表指定标签"文本框中输入名称，本例使用默认值字段名称"政治面貌"。单击"完成"按钮。

（6）这时"政治面貌"的查阅列表设置完成，切换到"数据表视图"，可以看到在输入"政治面貌"字段值时其右侧出现下拉按钮，单击此按钮，会弹出一个下拉列表，列表中列出了"团员"、"预备党员"、"群众"和"其他"。

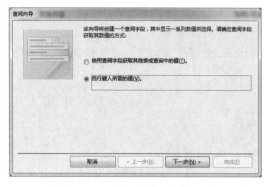

图 3-13　"查阅向导"的第一个对话框

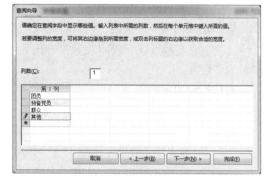

图 3-14　查阅列表设置结果

（7）单击快速访问工具栏上的"保存"按钮，保存该表的修改。

【实验任务❸】将 Excel 文件"教师 .xlsx"导入到"教学管理"数据库原有的"教师"表中。操作步骤如下：

（1）打开"教学管理"数据库。

（2）单击"外部数据"选项卡→"导入并链接"选项组→ Excel 按钮，如图 3-15 所示。

图 3-15　"外部数据"选项卡

（3）在弹出的"获取外部数据 -Excel 电子表格"对话框的"文件名"文本框中，指定要导入的数据所在的 Excel 文件的文件名，这里选择"教师 .xlsx"文件，如图 3-16 所示。

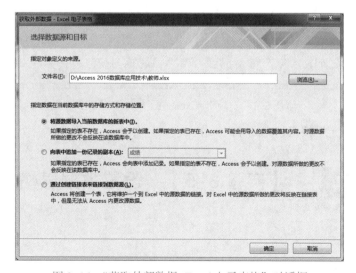

图 3-16　"获取外部数据 -Excel 电子表格"对话框

（4）选择"向表中追加一份记录的副本"单选按钮，并在右侧的下拉列表中选择"教师"，单击"确定"按钮，弹出"导入数据表向导"对话框，然后按照提示完成导入工作。

【实验任务❹】将 Excel 文件"学生 .xlsx"、"课程 .xlsx"、"成绩 .xlsx"、"院系 .xlsx"和"授课 .xlsx"导入到"教学管理"数据库中。

操作过程这里不再赘述，请自行完成。

【实验任务❺】将"教师"表数据导出到 C 盘根目录下，文件格式为"Excel 工作簿（*.xlsx）"，命名为"教师"。

操作步骤如下：

（1）打开"教学管理"数据库。

（2）在"导航窗格"窗口中选中"教师"表。

（3）单击"外部数据"选项卡→"导出"选项组→ Excel 按钮。

（4）在弹出的"导出 -Excel 电子表格"对话框中，设置文件名、文件格式以及指定导出选项，如图 3-17 所示。

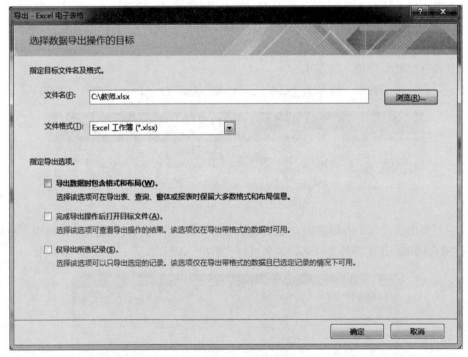

图 3-17 "导出 -Excel 电子表格"对话框

（5）单击"确定"按钮，完成导出操作。

【实验 3-5】 设置数据表格式

一、实验目的

学习数据表格式的设置。

二、实验内容及步骤

【实验任务】设置"教师"表的显示格式，使表的背景颜色为"水蓝"、网格线颜色为"白色"、字体大小为 14 磅、行高为 18 磅。

操作步骤如下：

（1）打开"教师"表的"数据表视图"。

（2）单击"开始"选项卡→"文本格式"选项组右下角的 按钮，弹出"设置数据表格式"对话框，如图 3-18 所示。在"设置数据表格式"对话框中可以对数据表格式进行设置。这里设置"背景色"为"青色"、"网格线颜色"为"白色"，单击"确定"按钮。

（3）单击"开始"选项卡→"文本格式"选项组中的相应按钮，可以对字体、字号等属性进行设置。"文本格式"选项组中的相应按钮如图 3-19 所示。将字号设置为 14 磅。

图 3-18 "设置数据表格式"对话框

（4）单击数据表中任一单元格，然后单击"开始"选项卡→"记录"选项组→"其他"按钮，在弹出的下拉菜单中选择"行高"命令，弹出"行高"对话框，如图 3-20 所示。在"行高"文本框中输入 18，然后单击"确定"按钮。

图 3-19 "文本格式"选项组中的相应命令

图 3-20 "行高"对话框

（5）单击快速访问工具栏上的"保存"按钮，保存该表的修改。

 【实验 3-6】 操 作 表

一、实验目的

学习使用数据表的查找、排序和筛选。

二、实验内容及步骤

【实验任务❶】查找"学生"表中的"简历"字段为空值的记录。

操作步骤如下：

（1）打开"学生"表的"数据表视图"。

（2）选中"简历"列。

（3）单击"开始"选项卡→"查找"选项组→"查找"按钮，弹出"查找和替换"对话框。

（4）在"查找内容"文本框中输入"Null"，如图3-21所示。

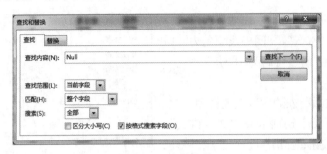

图3-21　查找空值

（5）单击"查找下一个"按钮，找到后，鼠标指针将指向相应的记录。

【实验任务❷】在"学生"表中按"性别"和"出生日期"两个字段进行升序排序。

操作步骤如下：

（1）打开"学生"表的"数据表视图"。

（2）单击"开始"选项卡→"排序与筛选"选项组→"高级"下拉按钮，在弹出的下拉菜单中选择"高级筛选/排序"命令，弹出"学生筛选1"窗口，如图3-22所示。

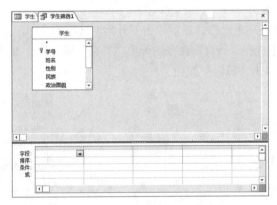

图3-22　"学生筛选1"窗口

（3）单击下方设计网格中的第1个"字段"右侧的下拉按钮，从弹出的下拉列表中选择"性别"字段，在"排序"行第1列单元格的下拉列表中选择"升序"选项。用同样的方法设置"出生日期"字段的排序为"升序"，效果如图3-23所示。

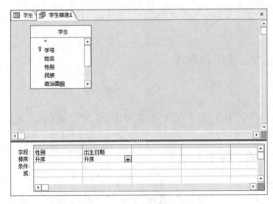

图3-23　设置多字段排序

（4）单击"开始"选项卡→"排序与筛选"选项组→"切换筛选（应用筛选）"按钮，这时 Access 就会按上面设置的排序"学生"表中的所有字段。

【实验任务❸】在"学生"表中筛选出"性别"字段为"男"的学生信息。

操作步骤如下：

（1）打开"学生"表的"数据表视图"。

（2）在"性别"列中，选中字段值"男"，然后右击，在弹出的快捷菜单中选择"等于"男""命令，如图 3-24 所示。

（3）这时，Access 将筛选出相应的记录。

【实验任务❹】在"学生"表中筛选出少数民族中"男"同学的所有信息。

操作步骤如下：

（1）打开"学生"表的"数据表视图"。

图 3-24 设置筛选条件

（2）单击"开始"选项卡→"排序与筛选"选项组→"高级"下拉按钮，在弹出的下拉列表中选择"按窗体筛选"命令，弹出"学生：按窗体筛选"窗口，输入相应的条件，如图 3-25 示。

图 3-25 在"学生：按窗体筛选"窗口设置条件

（3）单击"开始"选项卡→"排序与筛选"选项组→"切换筛选"按钮，即可进行筛选。

【实验任务❺】在"学生"表中，筛选出汉族的男同学以及回族的女同学的所有信息。

操作步骤如下：

（1）打开"学生"表的"数据表视图"。

（2）单击"开始"选项卡→"排序与筛选"选项组→"高级筛选选项"下拉按钮，在弹出的下拉列表中选择"高级筛选 / 排序"命令，弹出"学生筛选 1"窗口，在下方设计网格的第 1 个字段行的下拉列表中选择"民族"字段，在第 2 个字段行的下拉列表选择"性别"字段，然后输入相应的条件，如图 3-26 所示。

（3）单击"开始"选项卡→"排序与筛选"选项组→"切换筛选"按钮，即可进行筛选。

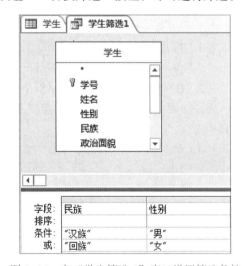

图 3-26 在"学生筛选 1"窗口设置筛选条件

【实验 3-7】　建立表间关系

一、实验目的

学习表之间关系的创建。

二、实验内容及步骤

【实验任务❶】定义"教学管理"数据库中"学生"表、"课程"表和"成绩"表之间的关系，效果如图 3-27 所示。

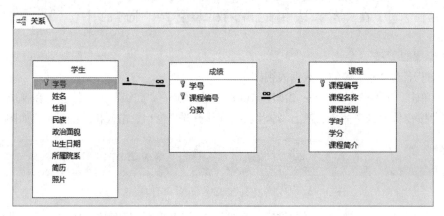

图 3-27　3 个表间的关系

操作步骤如下：

（1）打开"教学管理"数据库。

（2）单击"数据库工具"选项卡→"关系"选项组→"关系"按钮。

（3）在弹出的"显示表"对话框中，选择"学生"表，然后单击"添加"按钮，即可把"学生"表添加到"关系"窗口中，接着使用同样的方法将"课程"表和"成绩"表添加到"关系"窗口中。

（4）单击"关闭"按钮，关闭"显示表"对话框，出现如图 3-28 所示"关系"窗口。

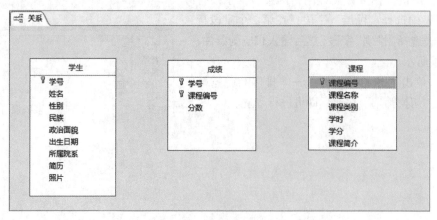

图 3-28　"关系"窗口

（5）选定"学生"表的"学号"字段，然后按下鼠标左键并拖动到"成绩"表中的"学号"字段上后释放鼠标左键，此时会弹出图 3-29 所示的"编辑关系"对话框。

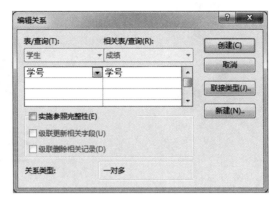

图 3-29 "编辑关系"对话框

（6）选中"实施参照完整性"复选框，然后单击"创建"按钮。

（7）用同样的方法将"课程"表中的"课程编号"拖动到"成绩"表中的"课程编号"字段上，同时实施参照完整性，具体效果如图 3-27 所示。

（8）单击"关闭"按钮，这时会询问是否保存布局的更改，单击"是"按钮，关系设置完成。

【实验任务❷】定义"教学管理"数据库中已存在表之间的关系，效果如图 3-30 所示。

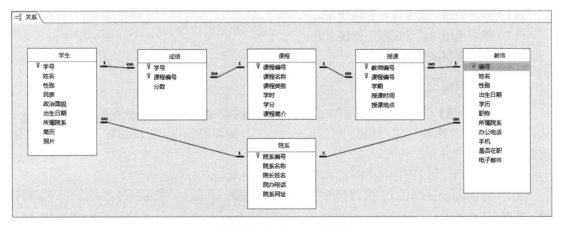

图 3-30 所有表间的关系

操作步骤略。

第4章 查询

【实验 4-1】 创 建 查 询

一、实验目的

（1）学习使用"查询向导"创建查询。
（2）学习使用"设计视图"创建查询。
（3）学习创建多表查询。

二、实验内容及步骤

【实验任务❶】使用"查询向导"创建查询，创建一个查询，查询的数据源为"学生"表，选择"学号"、"姓名"、"性别"、"民族"、"政治面貌"和"所属院系"字段，所建查询命名为"学生基本信息查询"。

操作步骤如下：

（1）启动 Access 2016 程序，打开"教学管理"数据库。

（2）单击"创建"选项卡→"查询"选项组→"查询向导"按钮，弹出"新建查询"对话框，如图 4-1 所示。

（3）选择"简单查询向导"选项，单击"确定"按钮，弹出"简单查询向导"对话框，如图 4-2 所示。在"表/查询"下拉列表中选择用于查询的"表：学生"，此时在"可用字段"列表框中显示"学生"数据表中的所有字段。选择查询需要的字段，然后单击向右按钮 ＞ ，则所选字段被添加到"选定字段"列表框中。重复上述操作，依次将需要的字段添加到"选定字段"列表框中。

图 4-1 "新建查询"对话框

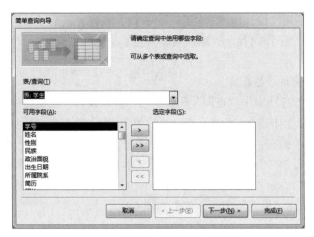

图 4-2 "简单查询向导"对话框

（4）单击"下一步"按钮，弹出指定查询标题的"简单查询向导"对话框，如图 4-3 所示。在"请为查询指定标题"文本框中输入"学生基本信息查询"，在"请选择是打开还是修改查询设计"栏中选中"打开查询查看信息"单选按钮，然后单击"完成"按钮，弹出"学生基本信息查询"的"数据表视图"，如图 4-4 所示。

图 4-3 为查询指定标题

学号	姓名	性别	民族	政治面貌	所属院系
202001001	塔娜	女	蒙古族	团员	01
202001002	荣仕月	男	壮族	群众	01
202001003	林若涵	女	汉族	团员	01
202001004	张是琦	女	白族	团员	01
202001005	王玮玮	男	彝族	团员	01
202001006	邓怪昊	女	畲族	团员	01
202001007	蒋雯	男	回族	团员	01
202001008	张楠	女	布依族	预备党员	01
202001009	肖欣玥	女	回族	团员	01
202001010	包成	男	蒙古族	团员	01
202002001	武宁睿	女	回族	团员	02
202002002	刘亭雨	女	汉族	团员	02
202002003	金祥芸	女	汉族	预备党员	02
202002004	苑嘉成	男	汉族	团员	02

记录：第 1 项(共 36 项) 无筛选器 搜索

图 4-4 "学生基本信息查询"的"数据表视图"

【实验任务❷】使用"设计视图"创建一个查询，查找并显示学生的"学号"、"姓名"、"性别"和"民族"4个字段内容，所建查询命名为"学生信息查询"。

操作步骤如下：

（1）打开"教学管理"数据库。

（2）单击"创建"选项卡中"查询"选项组的"查询设计"按钮，弹出"显示表"对话框。

（3）在"表"选项卡中选择"学生"表，然后单击"添加"按钮，添加该表到"设计视图"。

（4）单击"关闭"按钮，关闭"显示表"对话框，出现查询的"设计视图"。

（5）在"字段"行第1列的下拉列表中选择"学号"字段，在"字段"行第2列的下拉列表中选择"姓名"字段，在"字段"行第3列的下拉列表中选择"性别"字段，在"字段"行第4列的下拉列表中选择"民族"字段，效果如图4-5所示。

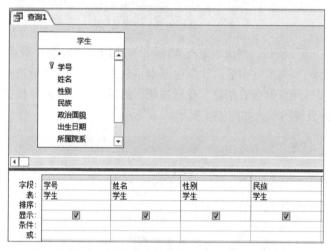

图4-5 "学生信息查询"的"设计视图"

（6）单击快速访问工具栏上的"保存"按钮，弹出"另存为"对话框，在"查询名称"文本框中输入"学生信息查询"，保存该查询。

（7）单击"查询工具"→"设计"选项卡→"结果"选项组→"视图"下拉按钮，在弹出的下拉菜单中选择"数据表视图"命令，切换到"数据表视图"，可查看查询结果。

【实验任务❸】创建一个查询，查找并显示学生的"学号"、"姓名"、"课程名称"和"分数"4个字段内容，所建查询命名为"学生成绩查询"。

操作步骤如下：

（1）单击"创建"选项卡→"查询"选项组→"查询设计"按钮，弹出"显示表"对话框。

（2）在"表"选项卡中选择"学生"表，然后单击"添加"按钮，添加该表到"设计视图"。用同样的方法把"课程"表和"成绩"表也添加到"设计视图"中。

（3）单击"关闭"按钮，关闭"显示表"对话框，出现查询的"设计视图"。

（4）在"字段"行第1列的下拉列表中选择"学生.学号"字段，在"字段"行第2列的下拉列表中选择"学生.姓名"字段，在"字段"行第3列的下拉列表中选择"课程.课程名称"字段，在"字段"行第4列的下拉列表中选择"成绩.分数"字段，效果如图4-6所示。

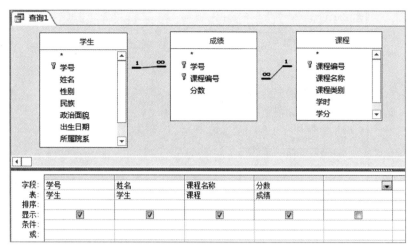

图 4-6 "学生成绩查询"的"设计视图"

说明： 也可以使用双击字段名的方式添加字段，依次双击"学生"表中的"学号"字段和"姓名"字段、"课程"表的"课程名称"字段、"成绩"表的"分数"字段，也可以出现图 4-6 所示的效果。

（5）单击快速访问工具栏上的"保存"按钮，弹出"另存为"对话框，在"查询名称"文本框中输入"学生成绩查询"，保存该查询。

（6）单击"查询工具"→"设计"选项卡→"结果"选项组→"视图"下拉按钮，在弹出的下拉菜单中选择"数据表视图"命令，切换到"数据表视图"，可查看查询结果。

【实验 4-2】 查 询 条 件

一、实验目的

学习查询条件的使用。

二、实验内容及步骤

【实验任务❶】 创建一个查询，查找并显示男同学的"学号"、"姓名"、"性别"和"民族"4 个字段内容，所建查询命名为"男同学信息查询"。

操作步骤如下：

（1）单击"创建"选项卡→"查询"选项组→"查询设计"按钮，弹出"显示表"对话框。

（2）在"表"选项卡中选择"学生"表，然后单击"添加"按钮，添加该表到"设计视图"。

（3）单击"关闭"按钮，关闭"显示表"对话框，出现查询的"设计视图"。

（4）在"字段"行第 1 列的下拉列表中选择"学号"字段；在"字段"行第 2 列的下拉列表中选择"姓名"字段；在"字段"行第 3 列的下拉列表中选择"性别"字段，在条件行上输入条件"男"；在"字段"行第 4 列的下拉列表中选择"民族"字段，效果如图 4-7 所示。

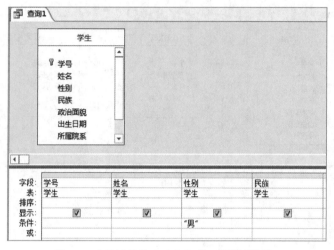

图 4-7 "男同学信息查询"的"设计视图"

说明: 文本型字段的表达式在输入时,无须输入双引号,Access 会自动添加双引号。

(5)单击快速访问工具栏上的"保存"按钮,弹出"另存为"对话框,在"查询名称"文本框中输入"男同学信息查询",保存该查询。

(6)单击"查询工具"→"设计"选项卡→"结果"选项组→"视图"下拉按钮,在弹出的下拉菜单中选择"数据表视图"命令,切换到"数据表视图",可查看查询结果。

【实验任务❷】以"学生"表为数据源,创建一个查询,查找并显示有"摄影"爱好的学生的信息,所建查询命名为"有摄影爱好学生信息查询"。

操作步骤如下:

(1)单击"创建"选项卡→"查询"选项组→"查询设计"按钮,弹出"显示表"对话框。

(2)在"表"选项卡中选择"学生"表,然后单击"添加"按钮,添加该表到"设计视图"。

(3)单击"关闭"按钮,关闭"显示表"对话框,出现查询的"设计视图"。

(4)双击"学生"表中的"*",再双击"简历"字段,然后在"简历"字段的"条件"行上输入条件"Like "* 摄影 *"",取消选择该字段的"显示"复选框,效果如图 4-8 所示。

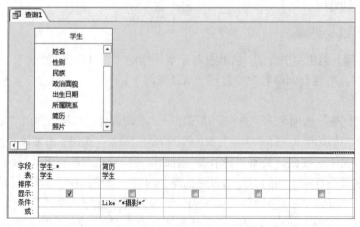

图 4-8 "有摄影爱好学生信息查询"的"设计视图"

说明： 可以通过 Like 运算符来查找与所指定的模式相匹配的字段值。Like 常和通配符一起使用。在 "设计视图" 字段行上使用星号（*）时，需要添加要排序或设置条件的字段。对需要排序的字段，在 "排序" 单元格中选择排序次序，在 "条件" 行中为相应的字段输入条件，然后取消选中除星号以外所有字段的 "显示" 复选框，否则字段将在查询结果中显示两次。

（5）单击快速访问工具栏上的 "保存" 按钮，弹出 "另存为" 对话框，在 "查询名称" 文本框中输入 "有摄影爱好学生信息查询"，保存该查询。

（6）单击 "查询工具" → "设计" 选项卡→ "结果" 选项组→ "视图" 下拉按钮，在弹出的下拉菜单中选择 "数据表视图" 命令，切换到 "数据表视图"，查看查询结果。

【实验任务❸】 以 "学生" 表为数据源，创建一个查询，查找并显示在职教师的所有信息，所建查询命名为 "在职教师信息查询"。

操作步骤如下：

（1）单击 "创建" 选项卡→ "查询" 选项组→ "查询设计" 按钮，弹出 "显示表" 对话框。

（2）在 "表" 选项卡中选择 "教师" 表，然后单击 "添加" 按钮，添加该表到 "设计视图"。

（3）单击 "关闭" 按钮，关闭 "显示表" 对话框，出现查询的 "设计视图"。

（4）双击 "教师" 表中的 "*"，再双击 "是否在职" 字段，然后在 "是否在职" 字段的 "条件" 行中输入条件 "True"，取消选中该字段的 "显示" 复选框，效果如图 4-9 所示。

图 4-9　"在职教师信息查询" 的 "设计视图"

说明： "是否在职" 字段属于 "是 / 否" 数据类型，其取值只有 "真" 值和 "假" 值，"真" 值用 True 表示，"假" 值用 False 表示。

（5）单击快速访问工具栏上的 "保存" 按钮，弹出 "另存为" 对话框，在 "查询名称" 文本框中输入 "在职教师信息查询"，保存该查询。

（6）单击 "查询工具" → "设计" 选项卡→ "结果" 选项组→ "视图" 下拉按钮，在弹出的下拉菜单中选择 "数据表视图" 命令，切换到 "数据表视图"，查看查询结果。

【实验任务❹】以"学生"表为数据源，创建一个查询，查找并显示少数民族男同学的所有信息，所建查询命名为"少数民族男同学信息查询"。

操作步骤如下：

（1）单击"创建"选项卡→"查询"选项组→"查询设计"按钮，弹出"显示表"对话框。

（2）在"表"选项卡中选择"学生"表，然后单击"添加"按钮，添加该表到"设计视图"。

（3）单击"关闭"按钮，关闭"显示表"对话框，出现查询的"设计视图"。

（4）添加所有字段到"设计视图"中，在"性别"字段的"条件"行中输入条件"男"，在"民族"字段的"条件"行中输入条件"Not 汉族"，如图4-10所示。

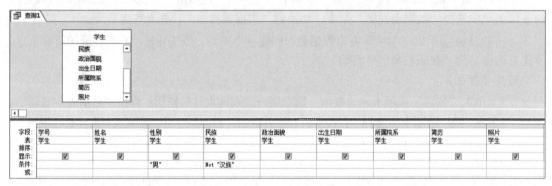

图4-10 "少数民族男同学信息查询"的"设计视图"

> **说明：** 如果要添加所有字段，可以在表中选中第1个字段，按住【Shift】键，单击最后一个字段，然后用鼠标拖动到字段行上。

（5）单击快速访问工具栏上的"保存"按钮，弹出"另存为"对话框，在"查询名称"文本框中输入"少数民族男同学信息查询"，保存该查询。

（6）单击"查询工具"→"设计"选项卡→"结果"选项组→"视图"下拉按钮，在弹出的下拉菜单中选择"数据表视图"命令，切换到"数据表视图"，查看查询结果。

【实验4-3】 查询中的计算

一、实验目的

（1）学习查询中的计算。

（2）学习总计查询的使用。

二、实验内容及步骤

【实验任务❶】创建一个查询，查找并显示学生的"学号"、"姓名"、"性别"和"年龄"4个字段内容，所建查询命名为"学生年龄信息查询"（其中，"年龄"字段为新增加的字段，表达式为：当前系统的年 – 出生年）。

操作步骤如下：

（1）单击"创建"选项卡→"查询"选项组→"查询设计"按钮，弹出"显示表"对话框。

（2）在"表"选项卡中选择"学生"表，然后单击"添加"按钮，添加该表到"设计视图"。

（3）单击"关闭"按钮，关闭"显示表"对话框，出现查询的"设计视图"。

（4）在"字段"行第 1 列的下拉列表中选择"学号"字段；在"字段"行第 2 列的下拉列表中选择"姓名"字段；在"字段"行第 3 列的下拉列表中选择"性别"字段；在"字段"行第 4 列的文本框中输入"年龄：Year(Date())-Year（[出生日期]）"，在下面的"排序"行中，单击右侧的下拉按钮，在弹出的下拉列表中选择"降序"选项，效果如图 4-11 所示。

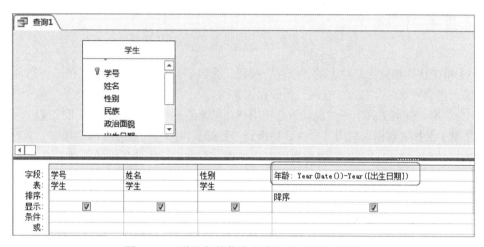

图 4-11 "学生年龄信息查询"的"设计视图"

说明： 在表达式中出现的冒号、小括号，减号等，都应该用英文半角字符。如果在表达式中引用字段名称，字段名称需要用中括号括上。

（5）单击快速访问工具栏上的"保存"按钮，弹出"另存为"对话框，在"查询名称"文本框中输入"学生年龄信息查询"，保存该查询。

（6）单击"查询工具"→"设计"选项卡→"结果"选项组→"视图"下拉按钮，在弹出的下拉菜单中选择"数据表视图"命令，切换到"数据表视图"，查看查询结果。

【实验任务❷】创建一个查询，查找并显示学生的"学号姓名"、"性别"和"民族"3 个字段内容，所建查询命名为"学号姓名合二为一查询"（其中，"学号姓名"字段为新增加的字段，显示的内容为学号和姓名）。

操作步骤如下：

（1）单击"创建"选项卡→"查询"选项组→"查询设计"按钮，弹出"显示表"对话框。

（2）在"表"选项卡中选择"学生"表，然后单击"添加"按钮，添加该表到"设计视图"。

（3）单击"关闭"按钮，关闭"显示表"对话框，出现查询的"设计视图"。

（4）在"字段"行第 1 列的文本框中输入"学号姓名：[学号] & [姓名]"；在"字段"行第 2 列的下拉列表中选择"性别"字段；在"字段"行第 3 列的下拉列表中选择"民族"字段，效果如图 4-12 所示。

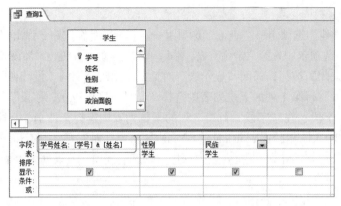

图4-12 "学号姓名合二为一查询"的"设计视图"

（5）单击快速访问工具栏上的"保存"按钮，弹出"另存为"对话框，在"查询名称"文本框中输入"学号姓名合二为一查询"，保存该查询。

（6）单击"查询工具"→"设计"选项卡→"结果"选项组→"视图"下拉按钮，在弹出的下拉菜单中选择"数据表视图"命令，切换到"数据表视图"，查看查询结果。

【实验任务❸】以"学生"表为数据源，创建一个查询，统计学生的人数，命名为"学生人数统计"。

操作步骤如下：

（1）单击"创建"选项卡→"查询"选项组→"查询设计"按钮，弹出"显示表"对话框。

（2）在"表"选项卡中选择"学生"表，然后单击"添加"按钮，添加该表到"设计视图"。

（3）单击"关闭"按钮，关闭"显示表"对话框，出现查询的"设计视图"。

（4）在"字段"行第1列的下拉列表中选择"学号"字段，在"查询工具"的"设计"选项卡中，单击"显示/隐藏"选项组的"汇总"按钮，在"学号"字段下的"总计"行的下拉列表中选择"计数"选项，效果如图4-13所示。

图4-13 "学生人数统计"的"设计视图"

（5）单击快速访问工具栏上的"保存"按钮，弹出"另存为"对话框，在"查询名称"文本框中输入"学生人数统计"，保存该查询。

（6）单击"查询工具"→"设计"选项卡→"结果"选项组→"视图"下拉按钮，在弹出的下拉菜单中选择"数据表视图"命令，切换到"数据表视图"，查看查询结果。

【实验任务④】创建一个查询,计算每名学生的平均成绩,显示"姓名"和"平均成绩"两列内容,其中,"平均成绩"数据由统计计算得到,所建查询名为"学生平均成绩"。假设:所用表中无重名。

操作步骤如下:

(1)单击"创建"选项卡→"查询"选项组→"查询设计"按钮,弹出"显示表"对话框。

(2)在"表"选项卡中选择"学生"表,然后单击"添加"按钮,添加该表到"设计视图"中。选择"成绩"表,然后单击"添加"按钮,添加该表到"设计视图"中。

(3)单击"关闭"按钮,关闭"显示表"对话框,出现查询的"设计视图"。

(4)在"字段"行第 1 列选择"学生"表的"姓名"字段,在第 2 列选择"成绩"表的"分数"字段。在"查询工具"的"设计"选项卡中,单击"显示 / 隐藏"选项组的"汇总"按钮,在"姓名"字段下的"总计"行的下拉列表中选择"Group By"选项,在"分数"字段下的"总计"行的下拉列表中选择"平均值"选项,然后在"字段"行上"分数"字段的文本框的"分数"前输入"平均成绩:",效果如图 4-14 所示。

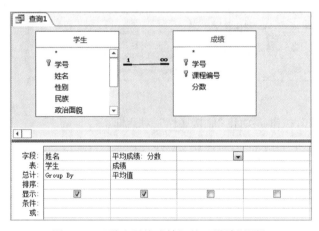

图 4-14 "学生平均成绩"的"设计视图"

(5)单击快速访问工具栏上的"保存"按钮,弹出"另存为"对话框,在"查询名称"文本框中输入"学生平均成绩",保存该查询。

(6)单击"查询工具"→"设计"选项卡→"结果"选项组→"视图"下拉按钮,在弹出的下拉菜单中选择"数据表视图"命令,切换到"数据表视图",查看查询结果。

 【实验 4-4】 查询中联接属性的设置

一、实验目的

学习查询中联接属性的设置。

二、实验内容及步骤

【实验任务①】创建一个查询,查看所有学生的选课信息。显示学生的"学号"、"姓名"和"课程编号"字段,所建查询命名为"学生的选课情况"。

操作步骤如下：

（1）单击"创建"选项卡→"查询"选项组→"查询设计"按钮，弹出"显示表"对话框。

（2）在"表"选项卡中选择"学生"表，然后单击"添加"按钮，添加该表到"设计视图"。用同样的方法把"成绩"表也添加到"设计视图"。

（3）单击"关闭"按钮，关闭"显示表"对话框，出现查询的"设计视图"。

（4）在"字段"行第1列的下拉列表中选择"学生"表的"学号"字段；在"字段"行第2列的下拉列表中选择"学生"表的"姓名"字段；在"字段"行第3列的下拉列表中选择"成绩"表的"课程编号"字段。然后双击设计视图上半部分的两个表的联接线，弹出"联接属性"对话框，这里选择第2个单选按钮，效果如图4-15所示。

图4-15　"联接属性"对话框

（5）单击"确定"按钮，关闭"联接属性"对话框。

（6）单击快速访问工具栏上的"保存"按钮，弹出"另存为"对话框，在"查询名称"文本框中输入"学生的选课情况"，保存该查询。

（7）单击"查询工具"→"设计"选项卡→"结果"选项组→"运行"按钮，运行该查询，查看效果，如图4-16所示。

学号	姓名	课程编号
202002005	袁铖晨	C0115
202002006	马越谦	C0113
202002006	马越谦	C0116
202002007	蓝卓然	
202002008	白金梅	
202003001	王仪琳	C0101
202003002	赵润生	C0102
202003003	唐可煜	C0103
202003004	李茹罕	C0104
202003005	阿谦诚	C0105
202003006	黄小筱	C0106
202003006	黄小筱	C0114
202003007	孔弋丁	C0111
202003007	孔弋丁	C0115
202003008	孟佳雨	C0112
202003008	孟佳雨	C0116
202003009	任嘉怡	C0113
202003010	乌云其其格	C0114
202004001	热鑫鑫	C0105
202004001	热鑫鑫	C0115
202004002	黄诗睿	C0106
202004002	黄诗睿	C0116
202004003	那日迈	C0107
202004004	刘正雄	C0108
202004005	林螺	
202004006	罗英源	
202004007	汪涵	
202004008	于宏睿	

记录：第1项（共58项）　无筛选器　搜索

图4-16　"学生的选课情况"查询的"数据表视图"

【实验任务❷】创建一个查询,查找那些没有选课的学生信息,显示学生的"学号"和"姓名"字段,所建查询命名为"没有选课的学生"。

操作步骤如下:

(1)单击"创建"选项卡→"查询"选项组→"查询设计"按钮,弹出"显示表"对话框。

(2)在"表"选项卡中选择"学生"表,然后单击"添加"按钮,添加该表到"设计视图"。用同样的方法把"成绩"表也添加到"设计视图"。

(3)单击"关闭"按钮,关闭"显示表"对话框,出现查询的"设计视图"。

(4)在"字段"行第 1 列的下拉列表中选择"学生"表的"学号"字段;在"字段"行第 2 列的下拉列表中选择"学生"表的"姓名"字段;在"字段"行第 3 列的下拉列表中选择"成绩"表的"课程编号"字段。然后双击"设计视图"上半部分的两个表的联接线,弹出"联接属性"对话框,这里选择第 2 个单选按钮,单击"确定"按钮,关闭"联接属性"对话框。

(5)在"课程编号"字段的"条件"行中输入条件"Is Null",然后取消选中"显示"复选框,如图 4-17 所示。

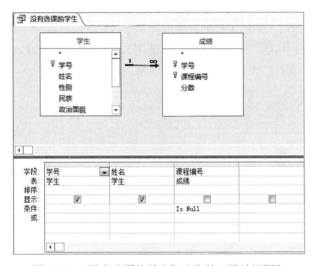

图 4-17 "没有选课的学生"查询的"设计视图"

(6)单击快速访问工具栏上的"保存"按钮,弹出"另存为"对话框,在"查询名称"文本框中输入"没有选课的学生",保存该查询。

(7)单击"查询工具"→"设计"选项卡→"结果"选项组→"运行"按钮,运行该查询。查看效果,如图 4-18 所示。

图 4-18 "没有选课的学生"查询的"数据表视图"

【实验 4-5】　参　数　查　询

一、实验目的

学习参数查询的设计。

二、实验内容及步骤

【实验任务❶】创建一个参数查询，显示学生的"学号"、"姓名"和"民族"3 个字段信息。将"姓名"字段作为参数，设定提示文本为"请输入姓名："，所建查询命名为"按姓名查询"。

操作步骤如下：

（1）单击"创建"选项卡→"查询"选项组→"查询设计"按钮，弹出"显示表"对话框。

（2）在"表"选项卡中选择"学生"表，然后单击"添加"按钮，添加该表到"设计视图"。

（3）单击"关闭"按钮，关闭"显示表"对话框，出现查询的"设计视图"。

（4）在"字段"行第 1 列的下拉列表中选择"学号"字段；在"字段"行第 2 列的下拉列表中选择"姓名"字段，并在"姓名"字段的"条件"行上输入"[请输入姓名：]"；在"字段"行第 3 列的下拉列表中选择"民族"字段，效果如图 4-19 所示。

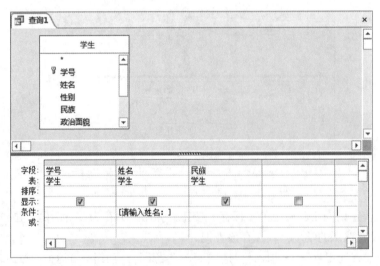

图 4-19　"按姓名查询"的"设计视图"

（5）单击快速访问工具栏上的"保存"按钮，弹出"另存为"对话框，在"查询名称"文本框中输入"按姓名查询"，保存该查询。

（6）单击"查询工具"→"设计"选项卡→"结果"选项组→"视图"下拉按钮，在弹出的下拉列表中选择"数据表视图"命令，切换到"数据表视图"，查看查询结果。

【实验任务❷】创建一个参数查询，显示学生的"学号"、"姓名"、"性别"和"民族"4 个字段信息。将"性别"字段作为参数，设定提示文本为"请输入性别："，将"民族"字段作为参数，设定提示文本为"请输入民族："，所建查询命名为"多字段参数查询"。

操作步骤如下：

（1）单击"创建"选项卡→"查询"选项组→"查询设计"按钮，弹出"显示表"对话框。

（2）在"表"选项卡中选择"学生"表，然后单击"添加"按钮，添加该表到"设计视图"。

（3）单击"关闭"按钮，关闭"显示表"对话框，出现查询的"设计视图"。

（4）在"字段"行第 1 列的下拉列表中选择"学号"字段；在"字段"行第 2 列的下拉列表中选择"姓名"字段，在"字段"行第 3 列的下拉列表中选择"性别"字段，并在"性别"字段的"条件"行中输入"[请输入性别：]"；在"字段"行第 4 列的下拉列表中选择"民族"字段，并在"民族"字段的"条件"行中输入"[请输入民族：]"，效果如图 4-20 所示。

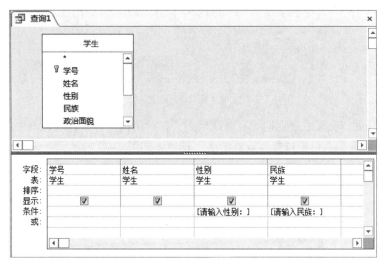

图 4-20　"多字段参数查询"的"设计视图"

（5）单击快速访问工具栏上的"保存"按钮，弹出"另存为"对话框，在"查询名称"文本框中输入"多字段参数查询"，保存该查询。

（6）单击"查询工具"→"设计"选项卡→"结果"选项组→"视图"下拉按钮，在弹出的下拉列表中选择"数据表视图"命令，切换到"数据表视图"，查看查询结果。

【实验 4-6】　创建交叉表查询

一、实验目的

（1）使用查询向导方式创建交叉表查询。

（2）使用"设计视图"创建交叉表查询。

二、实验内容及步骤

【实验任务❶】使用"交叉表查询向导"创建一个查询，统计各院系的男、女学生人数，所建查询命名为"各院系男女学生人数统计"。

操作步骤如下：

（1）单击"创建"选项卡→"查询"选项组→"查询向导"按钮，弹出"新建查询"对话框，选择列表框中的"交叉表查询向导"选项，如图 4-21 所示，然后单击"确定"按钮。

图 4-21 选择"交叉表查询向导"选项

（2）在打开的"交叉表查询向导"对话框中，在"请指定哪个表或查询中含有交叉表查询
结果所需的字段："列表框中选择"表：学生"选项，如图 4-22 所示。

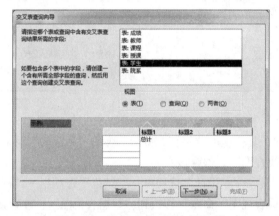

图 4-22 选择"表：学生"选项

（3）单击"下一步"按钮，弹出"请确定用哪些字段的值作为行标题："对话框，选择"可
用字段"列表框中的"所属院系"选项，然后单击 > 按钮，将其添加到"选定字段"列表框中，
如图 4-23 所示。

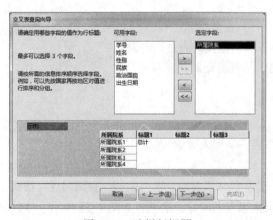

图 4-23 选择行标题

（4）单击"下一步"按钮，弹出"请确定用哪些字段的值作为列标题："对话框，选择"性别"字段，如图 4-24 所示。

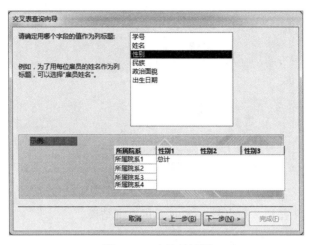

图 4-24 选择列标题

（5）单击"下一步"按钮，询问"请确定为每个列和行的交叉点计算出什么数字："，选择"字段："列表框中的"学号"字段，再选择"函数："列表框中的"计数"，如图 4-25 所示。

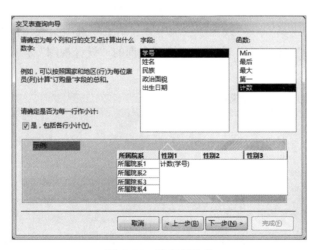

图 4-25 确定交叉点

说明： 如果不需要为每一行作小计，则取消选中"是，包括各行小计（Y）。"前的复选框。

（6）单击"下一步"按钮，询问"请指定查询的名称："，在"请指定查询的名称："下面的文本框中输入查询的名称为"各院系男女学生人数统计"，如图 4-26 所示。

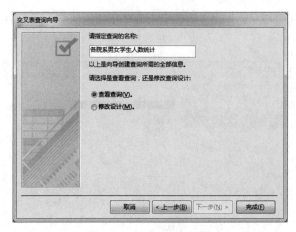

图 4–26 输入查询的名称

（7）单击“完成”按钮，弹出图 4–27 所示的查询结果。

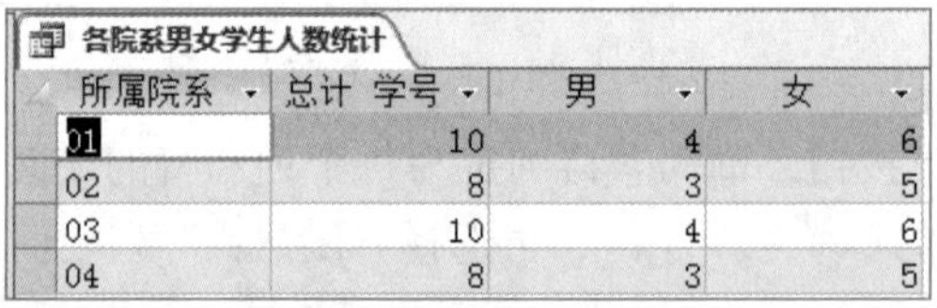

各院系男女学生人数统计

所属院系	总计 学号	男	女
01	10	4	6
02	8	3	5
03	10	4	6
04	8	3	5

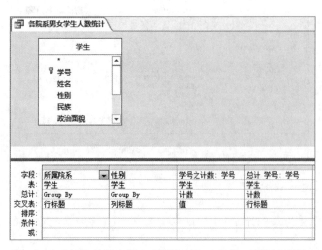

图 4–27 “各院系男女学生人数统计”查询结果

（8）单击“查询工具”→“设计”选项卡→“结果”选项组→“视图”下拉按钮，在弹出的下拉列表中选择“设计视图”命令，切换到查询的“设计视图”，查看查询设计结构，如图 4–28 所示。

图 4–28 “各院系男女学生人数统计”查询的“设计视图”

【实验任务❷】使用“设计视图”创建一个查询，统计“学生”表中各个民族的男、女学生人数，所建查询的名称为“各民族男女学生统计查询”。

操作步骤如下：

（1）单击“创建”选项卡→“查询”选项组→“查询设计”按钮，弹出“显示表”对话框。

（2）在"表"选项卡中选择"学生"表，然后单击"添加"按钮，添加该表到"设计视图"。

（3）单击"关闭"按钮，关闭"显示表"对话框，出现查询的"设计视图"。

（4）在"字段"行第 1 列的下拉列表中选择"民族"字段；在"字段"行第 2 列的下拉列表中选择"性别"字段；在"字段"行第 3 列的下拉列表中选择"学号"字段，然后在"查询工具"的"设计"选项卡中，单击"查询类型"选项组的"交叉表"按钮，这时，在查询的"设计视图"的设计网格中出现"总计"行和"交叉表"行。

（5）在"民族"和"性别"字段的"总计"行的下拉列表中选择"Group By"选项，在"学号"字段的"总计"行的下拉列表中选择"计数"选项；在"民族"字段的"交叉表"行的下拉列表中选择"行标题"选项，在"性别"字段的"交叉表"行的下拉列表中选择"列标题"选项，在"学号"字段的"交叉表"行下拉列表中选择"值"选项，效果如图 4-29 所示。

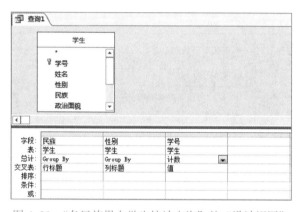

图 4-29 "各民族男女学生统计查询"的"设计视图"

（6）单击快速访问工具栏上的"保存"按钮，弹出"另存为"对话框，在"查询名称"文本中输入"各民族男女学生统计查询"，保存该查询。

（7）单击"查询工具"→"设计"选项卡→"结果"选项组→"视图"下拉按钮，在弹出的下拉列表中选择"数据表视图"命令，切换到"数据表视图"，查看查询结果。

 【实验 4-7】 创建操作查询

一、实验目的

（1）学习"生成表查询"的使用。

（2）学习"更新查询"的使用。

（3）学习"删除查询"的使用。

（4）学习"追加查询"的使用。

二、实验内容及步骤

【实验任务❶】创建一个查询，运行该查询后生成一个新表，表名为"不及格学生"，表结构包括"学号"、"姓名"、"课程名称"和"分数"4 个字段，表内容为不及格的所有学

生的记录。所建查询命名为"不及格学生查询"。要求创建此查询后，运行该查询，并查看运行结果。

操作步骤如下：

（1）单击"创建"选项卡→"查询"选项组→"查询设计"按钮，弹出"显示表"对话框。

（2）在"表"选项卡中选择"学生"表，然后单击"添加"按钮，添加该表到"设计视图"。用同样的方法把"课程"表和"成绩"表也添加到"设计视图"。

（3）单击"关闭"按钮，关闭"显示表"对话框，出现查询的设计视图。

（4）在"字段"行第1列的下拉列表中选择"学生.学号"字段，在"字段"行第2列的下拉列表中选择"学生.姓名"字段，在"字段"行第3列的下拉列表中选择"课程.课程名称"字段，在"字段"行第4列的下拉列表中选择"成绩.分数"字段，并在条件行中输入"<60"，效果如图4-30所示。

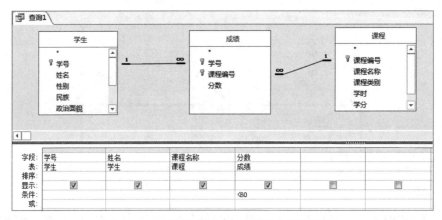

图4-30 "不及格学生查询"的"设计视图"

（5）单击"查询工具"→"设计"选项卡→"查询类型"选项组→"生成表"按钮，弹出"生成表"对话框，在"表名称"右侧的文本框中输入"不及格学生"，如图4-31所示。

图4-31 "生成表"对话框

（6）单击"确定"按钮，回到查询的"设计视图"。单击快速访问工具栏上的"保存"按钮，弹出"另存为"对话框，在"查询名称"文本框中输入"不及格学生查询"，保存该查询。

（7）单击"查询工具"→"设计"选项卡→"结果"选项组→"运行"按钮，运行该查询。

在"确认"对话框中,单击"是"按钮进行确认,将创建新表,且该表显示在"导航窗格"中。如果已存在使用指定的名称的表,该表将在查询运行前被删除。

（8）在"导航窗格"中,查看是否生成了"不及格学生"表,如果存在,则打开其数据表视图,查看数据。

【实验任务❷】创建一个查询,将"不及格学生"表中"分数"字段的记录值都加 10,所建查询命名为"成绩加 10 分"。要求创建此查询后,运行该查询,并查看运行结果。

操作步骤如下:

（1）单击"创建"选项卡→"查询"选项组→"查询设计"按钮,弹出"显示表"对话框。

（2）在"表"选项卡中选择"不及格学生"表,然后单击"添加"按钮,添加该表到"设计视图"。

（3）单击"关闭"按钮,关闭"显示表"对话框,出现查询的"设计视图"。

（4）在"字段"行第 1 列的下拉列表中选择"分数"字段,单击"查询工具"→"设计"选项卡→"查询类型"选项组→"更新"按钮,这时在查询的"设计视图"的下面设计网格中出现一行"更新到",在"分数"字段下的"更新到"文本框中输入"[分数]+10",如图 4-32 所示。

图 4-32　"成绩加 10 分"查询的"设计视图"

（5）单击快速访问工具栏上的"保存"按钮,弹出"另存为"对话框,在"查询名称"文本框中输入"成绩加 10 分",保存该查询。

（6）单击"查询工具"→"设计"选项卡→"结果"选项组→"运行"按钮,运行该查询。在"确认"对话框中,单击"是"按钮进行确认。

（7）在"导航窗格"中,弹出"不及格学生"表,查看数据。

【实验任务❸】创建一个查询,删除表对象"不及格学生"中所有姓"李"的记录,所建查询命名为"删除李姓查询"。要求创建此查询后,运行该查询,并查看运行结果。

操作步骤如下:

（1）单击"创建"选项卡→"查询"选项组→"查询设计"按钮,弹出"显示表"对话框。

（2）在"表"选项卡中选择"不及格学生"表,然后单击"添加"按钮,添加该表到"设计视图"。

（3）单击"关闭"按钮,关闭"显示表"对话框,出现查询的"设计视图"。

（4）在"字段"行第1列的下拉列表中选择"姓名"字段，在"查询工具"的"设计"选项卡中，单击"查询类型"选项组的"删除"按钮，这时在查询的"设计视图"下方的设计网格中就多出了一行"删除"，在"姓名"字段下的"条件"行的文本框中输入"Like "李 *""，如图4-33所示。

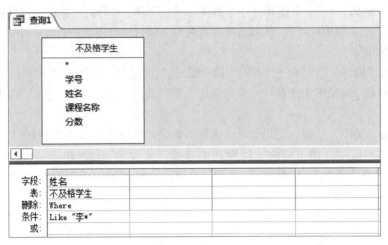

图 4-33 "删除李姓查询"的"设计视图"

（5）单击快速访问工具栏上的"保存"按钮，弹出"另存为"对话框，在"查询名称"文本框中输入"删除李姓查询"，保存该查询。

（6）单击"查询工具"→"设计"选项卡→"结果"选项组→"运行"按钮，运行该查询。弹出删除提示对话框，单击"是"按钮进行记录删除。

（7）在"导航窗格"中，打开"不及格学生"表，查看数据。

【实验任务❹】创建一个查询，把"学生"表中所有姓"李"的学生的"学号"、"姓名"、"课程名称"和"分数"字段追加到"不及格学生"表中，所建查询命名为"追加李姓查询"。要求创建此查询后，运行该查询，并查看运行结果。

操作步骤如下：

（1）单击"创建"选项卡→"查询"选项组→"查询设计"按钮，弹出"显示表"对话框。

（2）在"表"选项卡中选择"学生"表，然后单击"添加"按钮，添加该表到"设计视图"。用同样的方法把"课程"表和"成绩"表也添加到"设计视图"。

（3）单击"关闭"按钮，关闭"显示表"对话框，出现查询的"设计视图"。

（4）在"字段"行第1列的下拉列表中选择"学生.学号"字段；在"字段"行第2列的下拉列表中选择"学生.姓名"字段，并在条件行上输入"Like "李 *""；在"字段"行第3列的下拉列表中选择"课程.课程名称"字段；在"字段"行第4列的下拉列表中选择"成绩.分数"字段。

（5）单击"查询工具"→"设计"选项卡→"查询类型"选项组→"追加"按钮，弹出"追加"对话框，在"表名称"下拉列表中选择要追加到表的名称"不及格学生"，如图4-34所示。

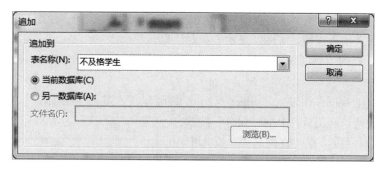

图 4-34　"追加"对话框

（6）单击"确定"按钮，回到查询的"设计视图"，效果如图 4-35 所示。

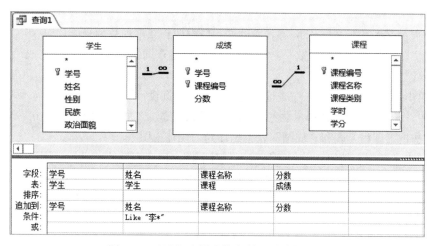

图 4-35　"追加李姓查询"的"设计视图"

（7）单击快速访问工具栏上的"保存"按钮，弹出"另存为"对话框，在"查询名称"文本框中输入"追加李姓查询"，保存该查询。

（8）单击"查询工具"→"设计"选项卡→"结果"选项组→"运行"按钮，运行该查询，出现追加提示对话框，单击"是"按钮进行记录追加。

（9）在"导航窗格"中，打开"不及格学生"表，查看数据。

 【实验 4-8】　SQL 查询

一、实验目的

练习 SQL 语句的使用。

二、实验内容及步骤

【实验任务❶】创建一个 SQL 查询，查找并显示"教师"表中的所有字段，将查询命名为"教师 SQL 查询"。

操作步骤如下：

（1）单击"创建"选项卡→"查询"选项组→"查询设计"按钮，弹出"显示表"对话框。

（2）单击"关闭"按钮，关闭"显示表"对话框。

（3）单击"查询工具"→"工具"选项卡"结果"选项组中的"SQL 视图"按钮，弹出查询的"SQL 视图"。

（4）在"SQL 视图"中输入"select * from 教师"，如图 4-36 所示。

（5）单击快速访问工具栏上的"保存"按钮，弹出"另存为"对话框，在"查询名称"文本框中输入"教师 SQL 查询"，保存该查询。

（6）单击"查询工具"→"设计"选项卡→"结果"选项组→"运行"按钮，运行该查询，查看效果。

图 4-36 输入代码

【实验任务❷】创建一个查询，查找成绩低于所有课程总平均分的学生信息，并显示"学号"、"姓名"、"课程名称"和"分数"4 个字段内容，所建查询命名为"小于平均成绩查询"。

操作步骤如下：

（1）单击"创建"选项卡→"查询"选项组→"查询设计"按钮，弹出"显示表"对话框。

（2）在"表"选项卡中选择"学生"表，然后单击"添加"按钮，添加该表到"设计视图"。用同样的方法把"课程"表和"成绩"表也添加到"设计视图"。

（3）单击"关闭"按钮，关闭"显示表"对话框，出现查询的"设计视图"。

（4）在"字段"行第 1 列的下拉列表中选择"学生.学号"字段；在"字段"行第 2 列的下拉列表中选择"学生.姓名"字段；在"字段"行第 3 列的下拉列表中选择"课程.课程名称"字段；在"字段"行第 4 列的下拉列表中选择"成绩.分数"字段，并在此字段的条件行上输入条件"<(select avg(分数)from 成绩)"，效果如图 4-37 所示。

（5）单击快速访问工具栏上的"保存"按钮，弹出"另存为"对话框，在"查询名称"文本框中输入"小于平均成绩查询"，保存该查询。

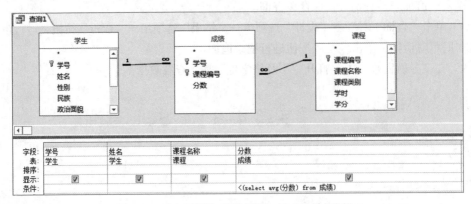

图 4-37 "小于平均成绩查询"的"设计视图"

（6）单击"查询工具"→"设计"选项卡→"结果"选项组→"运行"按钮，运行该查询，查看效果。

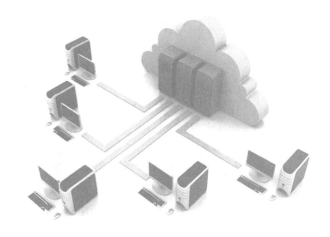

第5章 窗体

【实验5-1】 创建窗体

一、实验目的

（1）学习使用"窗体"工具创建窗体。

（2）学习使用"分割窗体"工具创建窗体。

（3）学习使用"多个项目"工具创建窗体。

（4）学习使用"窗体向导"工具创建窗体。

（5）学习使用"空白窗体"工具创建窗体。

二、实验内容及步骤

【实验任务❶】以"课程"表为数据源，使用"窗体"工具创建窗体，新窗体命名为"课程"。

操作步骤如下：

（1）在"导航窗格"中，单击包含要在窗体上显示的数据表"课程"。

（2）单击"创建"选项卡→"窗体"选项组→"窗体"按钮，弹出新建的窗体，如图5-1所示。

课程编号	C0101
课程名称	大学英语
课程类别	必修课
学时	108
学分	6
课程简介	

图5-1 "课程"窗体

（3）单击快速访问工具栏上的"保存"按钮，弹出"另存为"对话框，在"窗体名称"文本框内输入窗体的名称"课程"，单击"确定"按钮，保存该窗体。

【实验任务❷】以"学生"表为数据源，使用"多个项目"按钮创建窗体，并命名为"学生"。

操作步骤如下：

（1）在"导航窗格"中，单击包含在窗体上显示的数据表"学生"。

（2）单击"创建"选项卡→"窗体"选项组→"其他窗体"下拉按钮，在弹出的下拉列表中选择"多个项目"命令。

（3）弹出的新建的窗体如图 5-2 所示。

学号	姓名	性别	民族	政治面貌	出生日期	所属院系	简历	照
202001001	塔娜	女	蒙古族	团员	2003/1/30	01	组织能力强，善于表现自己	
202001002	荣仕月	男	壮族	群众	2003/7/9	01	组织能力强，善于交际，有上进心	
202001003	林若涵	女	汉族	团员	2002/12/3	01	有组织，有纪律，爱好相声和小品	
202001004	张是琦	女	白族	团员	2001/2/5	01	爱好：书法	
202001005	王祎玮	男	彝族	团员	2002/8/24	01	爱好：摄影	
202001006	邓怪晏	女	畲族	团员	2001/9/3	01	爱好：书法	
202001007	蒋雯	男	回族	团员	2003/1/10	01	组织能力强，善于交际，有上进心	
202001008	张楠	女	布依族	预备党员	2002/7/19	01	爱好：绘画，摄影，运动	
202001009	肖欣玥	女	回族	团员	2001/1/24	01	有组织，有纪律，爱好：相声，小品	
202001010	包成	男	蒙古族	团员	2003/12/9	01	有上进心，学习努力	
202002001	武宁睿	女	回族	团员	2003/7/9	02	爱好：绘画，摄影，运动，有上进心	
202002002	刘亭雨	女	汉族	团员	2001/5/26	02	组织能力强，善于交际，有上进心组织能力强，善于交际，有上进心	
202002003	金祥芸	女	汉族	预备党员	2002/12/19	02	善于交际，工作能力强	
202002004	苑嘉成	男	汉族	团员	2002/11/26	02	工作能力强，有领导才能，有组织能力	

图 5-2　"学生"窗体

（4）单击快速访问工具栏上的"保存"按钮，弹出"另存为"对话框，在"窗体名称"文本框内输入窗体的名称"学生"，单击"确定"按钮，保存该窗体。

【实验任务❸】以"教师"表为数据源，使用"分割窗体"按钮创建分割窗体，窗体命名为"教师分割式窗体"。

操作步骤如下：

（1）在"导航窗格"中，单击包含要在窗体上显示的数据表对象"教师"。

（2）单击"创建"选项卡→"窗体"选项组→"分割窗体"按钮。

（3）将创建窗体，并以"布局视图"显示该窗体，如图 5-3 所示。

（4）单击快速访问工具栏上的"保存"按钮，弹出"另存为"对话框，在"窗体名称"文本框内输入窗体的名称"教师分割式窗体"，单击"确定"按钮，保存该窗体。

图 5-3 "教师分割式窗体"的"布局视图"

【实验任务④】以"教师"表为数据源，使用"窗体向导"按钮创建窗体，窗体布局为"表格"，命名为"教师信息表格式窗体"。

操作步骤如下：

（1）单击"创建"选项卡→"窗体"选项组→"窗体向导"按钮，弹出图 5-4 所示的"窗体向导"对话框，单击"表/查询"右侧的下拉按钮，在弹出的下拉列表中选择"表：教师"选项。这时在下方左侧"可用字段"列表框中列出了所有可用的字段。

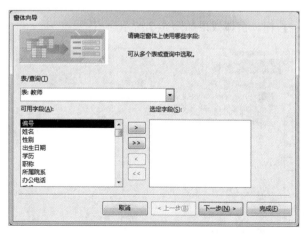

图 5-4 "窗体向导"对话框

（2）单击 >> 按钮选择所有字段。单击"下一步"按钮，弹出"请确定窗体使用的布局"对话框。在该对话框中，选择"表格"单选按钮，此时可以在左侧看到所建窗体的布局，如图 5-5 所示。

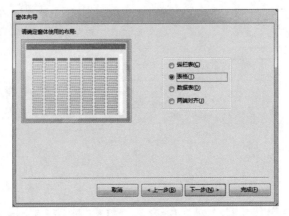

图 5-5 确定窗体的布局

（3）单击"下一步"按钮，弹出"请为窗体指定标题"对话框，在"请为窗体指定标题"下方的文本框内输入"教师信息表格式窗体"，如图 5-6 所示。

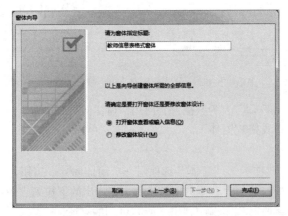

图 5-6 为窗体指定标题

（4）单击"完成"按钮，窗体效果如图 5-7 所示。

图 5-7 "教师信息表格式窗体"效果

【实验任务❺】以"院系"表为数据源，使用"空白窗体"工具创建窗体，窗体命名为"院系"。

操作步骤如下：

（1）单击"创建"选项卡→"窗体"选项组→"空白窗体"按钮，将在"布局视图"中打开一个空白窗体，并显示"字段列表"窗格，如图 5-8 所示。

（2）在"字段列表"窗格中，单击"显示所有表"链接，再单击要在窗体上显示的字段所在表"院系"旁边的加号（＋）。

（3）双击"院系"表中的所有字段，将其拖动到窗体上，效果如图 5-9 所示。

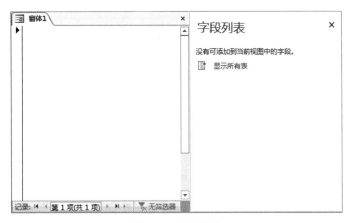

图 5-8 空白窗体

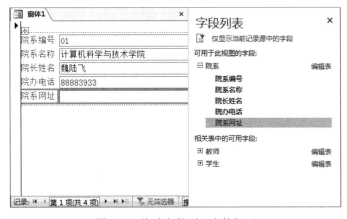

图 5-9 拖动字段到"主体"区

（4）单击快速访问工具栏上的"保存"按钮，弹出"另存为"对话框，在"窗体名称"文本框中输入窗体的名称"院系"，单击"确定"按钮，保存该窗体。单击"开始"选项卡中"视图"选项组的"视图"下拉按钮，在弹出的下拉列表中选择"窗体视图"命令，切换到"窗体视图"，效果如图 5-10 所示。

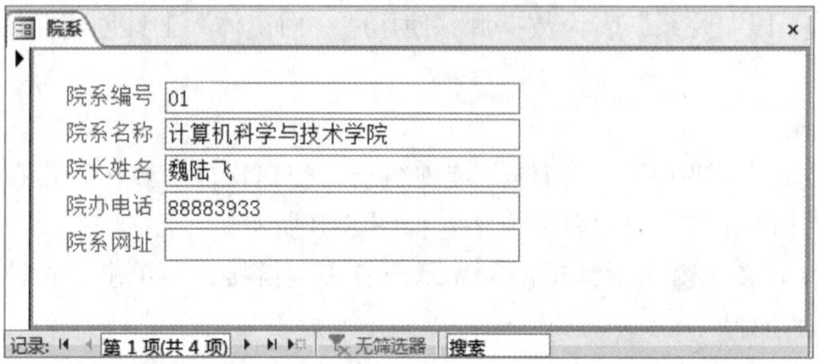

图 5-10 "院系"窗体

【实验 5-2】 窗 体 设 计

一、实验目的

学习在 Access 中窗体的设计。

二、实验内容及步骤

【实验任务❶】修改实验 5-1 中创建的"院系"窗体的属性，具体要求如下：

（1）将窗体标题改为"显示院系详细信息"。

（2）将窗体边框改为"对话框边框"样式，取消窗体中的水平和垂直滚动条、记录选择器、导航按钮、最大 / 最小化按钮和分隔线，效果如图 5-11 所示。

图 5-11 修改属性后的"院系"窗体

操作步骤如下：

（1）打开"院系"窗体的"设计视图"，如图 5-12 所示。

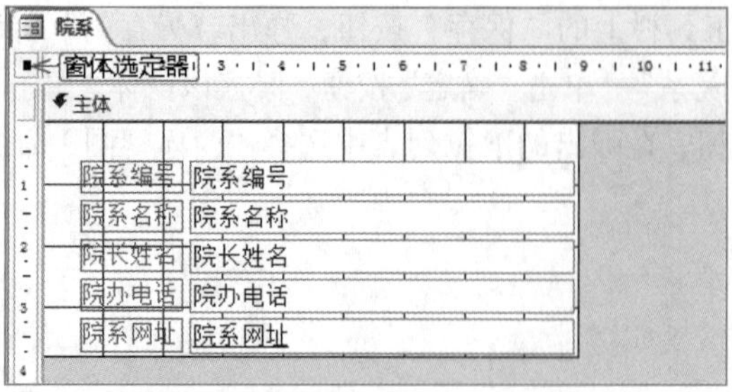

图 5-12 "院系"窗体的设计视图

（2）双击"窗体选定器"，弹出"院系"窗体的"属性表"窗格。

（3）在"格式"选项卡中，设置窗体的标题为"显示院系详细信息"，在"滚动条"属性的下拉列表中选择"两者均无"选项，在"记录选择器"属性的下拉列表中选择"否"选项，在"导航按钮"属性的下拉列表中选择"否"选项，在"分隔线"属性的下拉列表中选择"否"选项，在"边框样式"属性的下拉列表中选择"对话框边框"样式，在"最大最小化按钮"属性的下拉列表中选择"无"选项。

（4）单击快速访问工具栏上的"保存"按钮，保存该窗体的修改。切换到"窗体视图"，效果如图 5-14 所示。

【实验任务❷】在"教学管理"数据库中创建一个新窗体，窗体的"设计视图"如图 5-13 所示，效果如图 5-14 所示，窗体命名为"输入学生基本信息"。

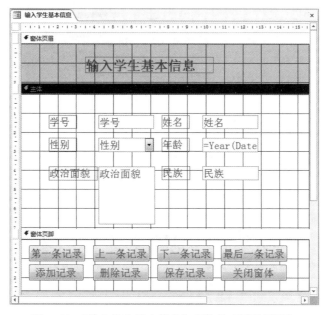

图 5-13 "输入学生基本信息"窗体的"设计视图"

图 5-14 "输入学生基本信息"窗体的"窗体视图"

操作步骤如下：

（1）打开"教学管理"数据库。

（2）单击"创建"选项卡→"窗体"选项组→"窗体设计"按钮，打开窗体的"设计视图"。

（3）单击"窗体选定器"按钮，再单击"窗体设计工具"→"设计"选项卡→"工具"选项组的"属性表"按钮，弹出"属性表"窗格，在"数据"选项卡中设置窗体的记录源为"学生"表，如图5-15所示。

图5-15 "输入教师基本信息"窗体视图

（4）在"主体"区右击，在弹出的快捷菜单中选择"窗体页眉/页脚"命令，如图5-16所示，打开窗体的页眉和页脚。

（5）在"控件"选项组的列表框中选择击"标签"选项，在窗体页眉区单击要放置标签的位置，输入标签内容"输入学生基本信息"。

（6）单击"工具"选项组→"添加现有字段"按钮，打开"字段列表"窗格，如图5-17所示。

图5-16 选择"窗体页眉/页脚"命令

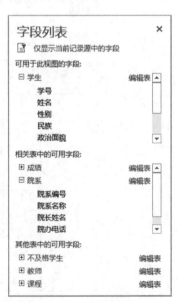

图5-17 "字段列表"窗格

（7）将"学号"和"姓名"字段依次拖动到窗体内适当的位置，即可在该窗体中创建绑定型文本框。

（8）在"控件"选项组的列表框中选择"组合框"选项，在窗体上单击要放置组合框的位置，弹出"组合框向导"对话框。在该对话框中选择"自行键入所需的值"单选按钮，如图 5-18 所示。

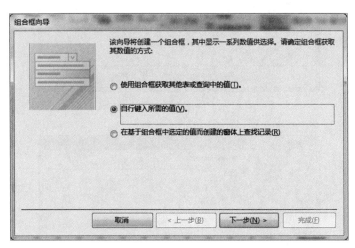

图 5-18 "组合框向导"对话框

（9）单击"下一步"按钮，在列表"第 1 列"中依次输入"男"和"女"等值，每输入完一个值，按【Tab】键或向下箭头，即可输入下一个值。设置后的结果如图 5-19 所示。

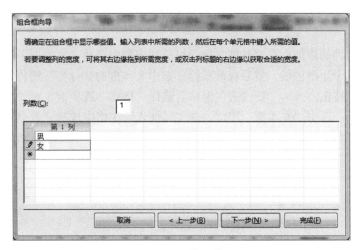

图 5-19 输入值

（10）单击"下一步"按钮，选择"将该数值保存在这个字段中"单选按钮，并单击其下拉按钮，从弹出的下拉列表中选择"性别"字段，设置结果如图 5-20 所示。

（11）单击"下一步"按钮，在"请为组合框指定标签"文本框中输入"性别"，使其作为该组合框的标签，如图 5-21 所示，单击"完成"按钮。至此，组合框创建完成。

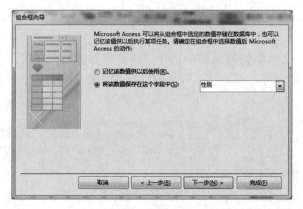

图 5-20 选择保存数值的字段

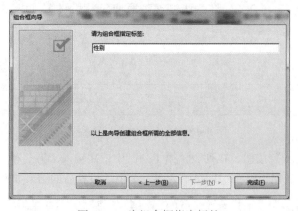

图 5-21 为组合框指定标签

（12）计算控件的添加：在"控件"选项组的列表框中选择"文本框"控件，在窗体主体区中拖动鼠标画一个矩形区域，然后释放鼠标。选中文本框的"标签"控件，单击"工具"选项组的"属性表"按钮，弹出"属性表"窗格。选择"格式"选项卡，在"标题"属性的文本框中输入"年龄"。选中"文本框"控件，在"属性表"窗格中选择"数据"选项卡，在"控件来源"属性的文本框中输入"=Year(Date())-Year([出生日期])"，如图 5-22 所示。

图 5-22 文本框属性的设置

（13）创建绑定型列表框控件。在"控件"选项组中的列表框中选择"列表框"控件，在窗体上单击要放置列表框的位置，弹出"列表框向导"对话框，选择"自行键入所需的值"单选按钮，如图 5-23 所示。

（14）单击"下一步"按钮，在"第 1 列"列中依次输入"团员"、"预备党员"、"群众"和"其他"等值，每输入完一个值，按【Tab】键或向下箭头，即可输入下一个值。设置后的结果如图 5-24 所示。

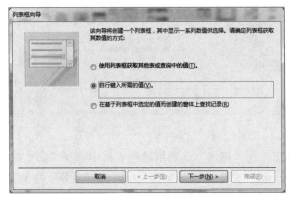

图 5-23 "列表框向导"对话框

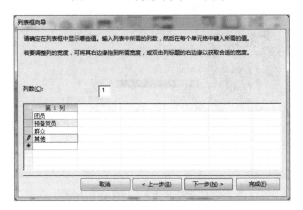

图 5-24 在"第 1 列"中输入值

（15）单击"下一步"按钮，选择"将该数值保存在这个字段中"单选按钮，并单击其下拉按钮，在弹出的下拉列表中选择"政治面貌"字段，设置结果如图 5-25 所示。

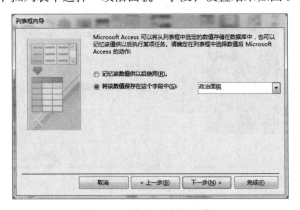

图 5-25 输入"政治面貌"

（16）单击"下一步"按钮，在"请为列表框指定标签"文本框中输入"政治面貌"，使其作为该列表框的标签，如图 5-26 所示，单击"完成"按钮。至此，列表框创建完成。

图 5-26 为列表框指定标签

（17）创建命令按钮。在"控件"选项组的列表框中选择"命令按钮"选项，拖动鼠标在主体区适当的位置释放，弹出"命令按钮向导"对话框，在"类别"列表中选择"记录导航"选项，在右侧"操作"下拉列表中选择"转至第一项记录"选项，如图 5-27 所示。

图 5-27 选择按下按钮时执行的操作

（18）单击"下一步"按钮，选中"文本"单选按钮，并在其文本框内输入"第一条记录"，如图 5-28 所示。

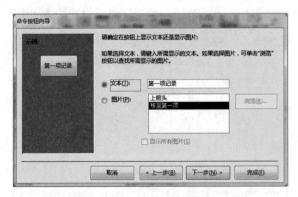

图 5-28 确定在按钮上显示的内容

（19）单击"下一步"按钮，在"请指定按钮的名称"文本框中输入按钮的名称，单击"完成"按钮，完成该按钮的添加。用同样的方法添加其他按钮。

（20）修改窗体的属性，使之不显示记录选择器、导航按钮、分隔线、滚动条和最大化最小化按钮。

（21）单击快速访问工具栏上的"保存"按钮，以"输入学生基本信息"命名保存该窗体。切换到"窗体视图"，效果如图 5-17 所示。

【实验任务❸】创建一个窗体，命名为"主窗体"，窗体上的控件及设置如表 5-1 所示，"窗体视图"如图 5-29 所示。

表 5-1 窗体上的控件及设置

控件类型	控件名称	控件标题
1 个标签控件	lbl1	欢迎您使用教学管理系统
6 个命令按钮	cmd1	教师管理窗体
	cmd2	学生管理窗体
	cmd3	课程管理窗体
	cmd4	帮助信息
	cmd5	退出应用程序
	cmd6	返回登录界面
1 个直线	line16	
1 个矩形	外边框	

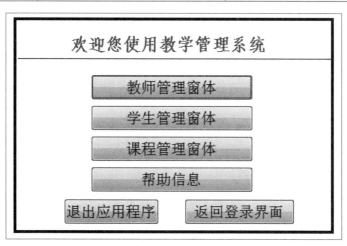

图 5-29 "主窗体"的"窗体视图"

操作步骤如下：

（1）打开"教学管理"数据库。

（2）单击"创建"选项卡→"窗体"选项组→"窗体设计"按钮，打开窗体的"设计视图"。

（3）单击"窗体选定器"按钮，再单击"工具"选项组→"属性表"按钮，弹出"属性表"窗格。在"格式"选项卡的"滚动条"属性的下拉列表中选择"两者均无"选项，在"记录选择器"属性的下拉列表中选择"否"选项，在"导航按钮"属性的下拉列表中选择"否"选项，在"分隔线"属性的下拉列表中选择"否"选项，在"边框样式"属性的下拉列表中选择"无"选项，在"控制框"属性的下拉列表中选择"否"选项，在"最大最小化按钮"属性的下拉列表中选择"无"选项。

（4）在"控件"选项组的列表框中选择"标签"选项，在窗体主体区单击要放置标签的位置，输入标签内容"欢迎您使用教学管理系统"。在"属性表"窗格中选择"全部"选项卡，设置标签的"名称"属性为"lbl1"，设置"字体名称"属性为"仿宋"、"字号"属性为18、"字体粗细"属性为"加粗"。

（5）在"控件"选项组的列表框中选择"直线"选项，在窗体主体区中用鼠标拖动画一条直线，然后释放鼠标。单击"直线"控件，在其"属性表"窗格中选择"全部"选项卡，设置直线的"名称"属性为"line16"。在主体区调整直线的大小和位置。

（6）在"控件"选项组的列表框中选择"按钮"选项，在窗体主体区中用鼠标拖动画一个矩形区域，释放鼠标后弹出"命令按钮向导"对话框，单击"取消"按钮。选择"命令按钮"控件，在其"属性表"窗格中选择"全部"选项卡，设置"名称"属性为"cmd1"，"标题"属性为"教师管理窗体"。

（7）用同样的方法再添加其他命令按钮控件。

（8）在"控件"选项组的列表框中选择"矩形"选项，在窗体主体区中用鼠标拖动画一个矩形，然后释放鼠标。单击"矩形"控件，在其"属性表"窗格中选择"全部"选项卡，设置矩形的"名称"属性为"外边框"、"边框宽度"属性设置为"3 pt"。在主体区调整矩形的大小和位置。

（9）单击快速访问工具栏上的"保存"按钮，以"主窗体"命名保存窗体。切换到"窗体视图"，效果如图 5-29 所示。

【实验 5-3】 定制系统控制窗体

一、实验目的

（1）学习创建导航窗体。
（2）学习设置启动窗体。

二、实验内容及步骤

【实验任务❶】使用导航按钮创建一个窗体，命名为"学生管理窗体"。
操作步骤如下：

（1）单击"创建"选项卡→"窗体"选项组→"导航"下拉按钮，从弹出的下拉列表中选择"水平标签和垂直标签，左侧"选项，弹出"导航窗体"的"布局视图"，如图 5-30 所示。将一级功能放在水平标签上，将二级功能放在垂直标签上。

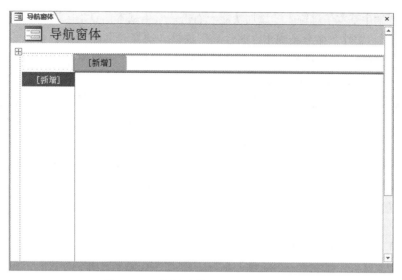

图 5-30　"导航窗体"的"布局视图"

（2）在水平标签上添加一级功能按钮。单击上方的"新增"按钮，输入"学生管理"。使用相同方法创建"成绩管理"、"课程管理"和"教师管理"按钮。设置结果如图 5-31 所示。

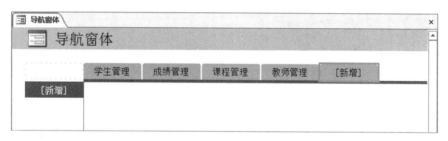

图 5-31　创建一级功能按钮

（3）在垂直标签上创建二级功能按钮。本实验将创建"学生管理"的二级功能按钮。单击"学生管理"按钮，再单击左侧"新增"按钮，输入"学生基本信息输入"。使用同样的方法创建"学生基本信息查询"和"学生基本信息打印"按钮。设置结果如图 5-32 所示。

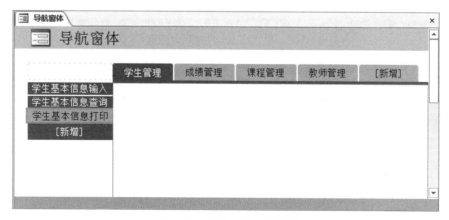

图 5-32　创建二级功能按钮

（4）为"学生基本信息输入"添加功能。右击"学生基本信息输入"导航按钮，在弹出的快捷菜单中选择"属性"命令，弹出"属性表"窗格，选择"事件"选项卡，单击"单击"事件的下拉按钮，选择已经创建好的宏对象"打开输入学生基本信息窗体"（关于宏的创建，请参见后续章节）。使用相同方法设置其他导航按钮的功能。

（5）修改导航窗体标题。此处可以修改两个标题：一是修改导航窗体上方的标题，双击导航窗体上方的"导航窗体"标签，修改标签的标题为"学生管理"；二是修改导航窗体本身的标题。在弹出的窗体"属性表"窗格中修改窗体的标题为"学生管理"。

（6）单击快速访问工具栏上的"保存"按钮，以"学生管理窗体"命名保存窗体。

（7）切换到"窗体视图"，单击相应的按钮，查看效果。

【实验任务❷】设置"主窗体"为启动窗体。

操作步骤如下：

（1）打开"教学管理"数据库。

（2）选择"文件"选项卡→"选项"命令，弹出"Access 选项"对话框，在左窗格中选择"当前数据库"选项卡，在右窗格中单击"应用程序选项"选项区域"显示窗体"的下拉按钮，在弹出的下拉列表中选择"主窗体"选项，如图 5-33 所示，单击"确定"按钮。

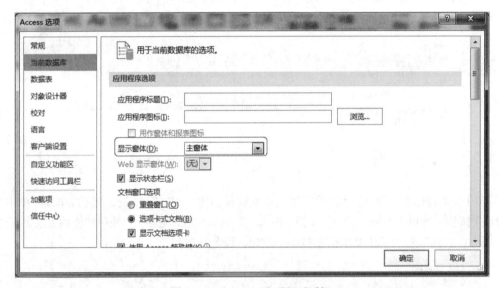

图 5-33 "Access 选项"对话框

说明：

（1）只有再次打开 Access 数据库时，所做的设置更改才会生效。

（2）在打开数据库的同时按住【Shift】键，可以绕过启动选项。

第6章
报　　表

【实验6-1】　创 建 报 表

一、实验目的

（1）学习使用"报表"按钮创建报表。

（2）学习使用"报表向导"按钮创建报表。

（3）学习使用"空报表"按钮创建报表。

（4）学习使用"设计视图"按钮创建报表。

（5）学习使用"标签向导"按钮创建报表。

二、实验内容及步骤

【实验任务❶】以"课程"表为数据源，使用"报表"按钮创建报表，命名为"课程"。

操作步骤如下：

（1）在"导航窗格"中，单击包含要在报表上显示的数据的"课程"表。

（2）单击"创建"选项卡→"报表"选项组→"报表"按钮，弹出新建的报表，如图6-1所示。

课程编号	课程名称	课程类别	学时	学分	课程简介
C0101	大学英语	必修课	108	6	
C0102	计算机导论	必修课	72	4	
C0103	程序设计基础	必修课	72	4	
C0104	汇编语言	必修课	72	4	
C0105	数值分析	选修课	72	4	
C0106	经济预测	限选课	72	4	
C0107	计算机组成原理	必修课	72	4	
C0108	数字电路	必修课	72	4	
C0109	系统结构	限选课	72	4	
C0110	数据结构	必修课	72	4	
C0111	专业英语	必修课	54	3	
C0112	编译原理	必修课	54	3	
C0113	数据库	必修课	54	3	
C0114	图论	必修课	54	3	
C0115	软件工程	限选课	54	3	
C0116	计算机网络	必修课	54	3	

图6-1　"课程"报表

（3）单击快速访问工具栏上的"保存"按钮，弹出"另存为"对话框，在"报表名称"文本框内输入报表的名称"课程"，单击"确定"按钮，保存该报表。

【实验任务❷】以"教师"表为数据源，使用"报表向导"按钮创建报表，以"所属院系"字段分组，以"编号"字段升序排列，报表布局为"递阶"，命名为"教师"。

操作步骤如下：

（1）单击"创建"选项卡→"报表"选项组→"报表向导"按钮，弹出"报表向导"对话框。在"表 / 查询"下拉列表中选择"表：教师"选项。这时在左侧的"可用字段"列表框中会列出所有可用的字段，如图 6-2 所示。

图 6-2 "报表向导"对话框

（2）单击 >> 按钮选择所有字段，再单击"下一步"按钮，在该对话框中设置"是否添加分组级别？"，"所属院系"字段已默认为分组字段，如图 6-3 所示。

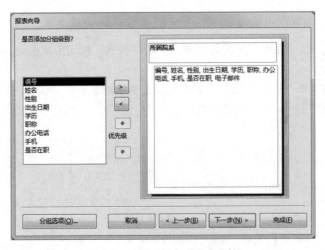

图 6-3 是否添加分组级别

（3）单击"下一步"按钮，在第 1 个排序字段的下拉列表中选择"编号"字段，如图 6-4 所示。

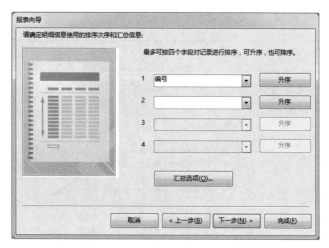

图 6-4　确定排序次序和汇总信息

（4）单击"下一步"按钮，然后确定报表的布局方式为"递阶"，如图 6-5 所示。

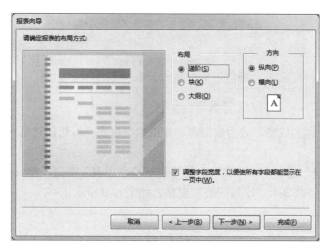

图 6-5　确定报表的布局方式

（5）单击"下一步"按钮，为报表指定标题为"教师"，如图 6-6 所示。

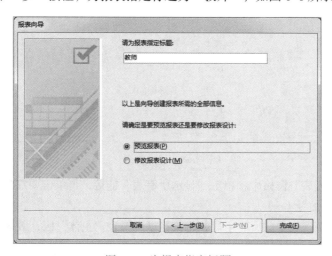

图 6-6　为报表指定标题

（6）单击“完成”按钮，效果如图 6–7 所示。

教师

所属院系	编号	姓	性	出生日期	学历	职称	办公	手机	是否	电子邮件
01										
	20045	魏	男	########	大学本	教授	883933	1390101	☑	
	20045	孙	男	########	研究生	副教授	884321	1390101	☑	
	20045	方	男	########	研究生	教授	886544	1390101	☑	
	20045	李	女	########	研究生	副教授	883933	1390101	☐	
02										
	20031	康	女	########	研究生	教授	882421	1390101	☑	
	20031	张	男	1968/7/8	研究生	教授	886666	1390101	☑	
	20031	刘	女	########	研究生	副教授	886667	1390101	☑	
	20031	丁	女	########	研究生	副教授	886668	1390101	☐	
	20031	李	女	########	研究生	讲师	886669	1390101	☐	
03										
	20026	张	男	########	研究生	教授	883912	1390101	☑	
	20026	周	男	1978/9/9	研究生	讲师	886546	1390101	☑	
	20026	李	女	########	研究生	讲师	886547	1390101	☐	
04										
	20045	王	男	########	研究生	教授	886666	1390101	☑	
	20045	王	女	########	大学本	讲师	886547	1310101	☑	

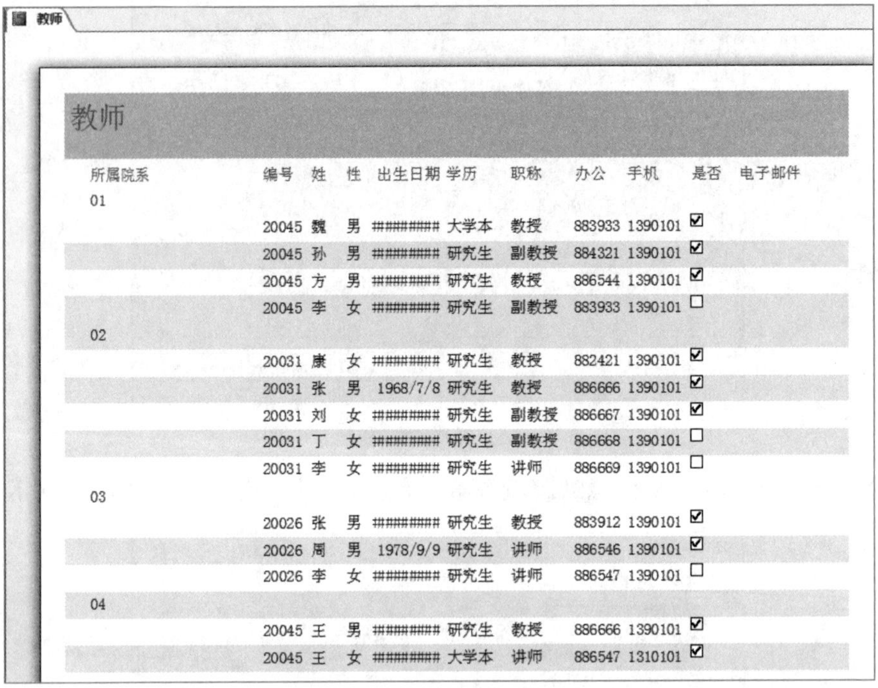

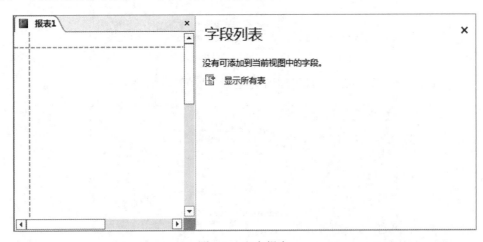

图 6–7 “教师”报表效果

【实验任务❸】以“成绩”表为数据源，使用“空报表”按钮创建报表，命名为“成绩”。

操作步骤如下：

（1）单击“创建”选项卡→“报表”选项组→“空报表”按钮，Access 将在“布局视图”中打开一个空白报表，并显示“字段列表”窗格，如图 6–8 所示。

图 6–8 空白报表

（2）在“字段列表”窗格中，单击“显示所有表”链接，再单击要在报表上显示的字段所在表“成绩”旁边的加号（+）。

（3）双击“成绩”表中的所有字段，将其拖动到报表“主体”区，效果如图 6–9 所示。

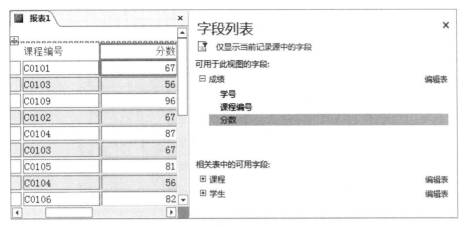

图 6-9 拖动字段到报表"主体"区

（4）单击快速访问工具栏上的"保存"按钮，弹出"另存为"对话框，在"报表名称"文本框内输入报表的名称为"成绩"，单击"确定"按钮，保存该报表。单击"开始"选项卡"视图"选项组的"视图"下拉按钮，在弹出的下拉菜单中选择"报表视图"命令，切换到"报表视图"，效果如图 6-10 所示。

学号	课程编号	分数
202001001	C0101	67
202001001	C0103	56
202001001	C0109	96
202001002	C0102	67
202001002	C0104	87
202001003	C0103	67
202001003	C0105	81
202001004	C0104	56
202001004	C0106	82
202001005	C0105	55
202001005	C0111	75
202001006	C0106	67

图 6-10 "成绩"报表的"报表视图"

【实验任务❹】以"院系"表为数据源，使用"设计视图"命令创建报表，命名为"院系"报表。

操作步骤如下：

（1）单击"创建"选项卡→"报表"选项组→"报表设计"按钮，Access 将在"设计视图"中打开一个空白报表，并显示"字段列表"窗格。

（2）在"字段列表"窗格中单击"显示所有表"链接，再单击要在报表上显示的字段所在表"院系"旁边的加号。

（3）双击"院系"表中的所有字段，将其拖到报表"主体"区，效果如图 6-11 所示。

图 6-11 添加字段到报表的"主体"区

（4）单击快速访问工具栏上的"保存"按钮，弹出"另存为"对话框，在"报表名称"文本框内输入报表的名称为"院系"，单击"确定"按钮，保存该报表。单击"开始"选项卡中"视图"选项组的"视图"下拉按钮，在弹出的下拉菜单中选择"报表视图"命令，切换到"报表视图"，效果如图 6-12 所示。

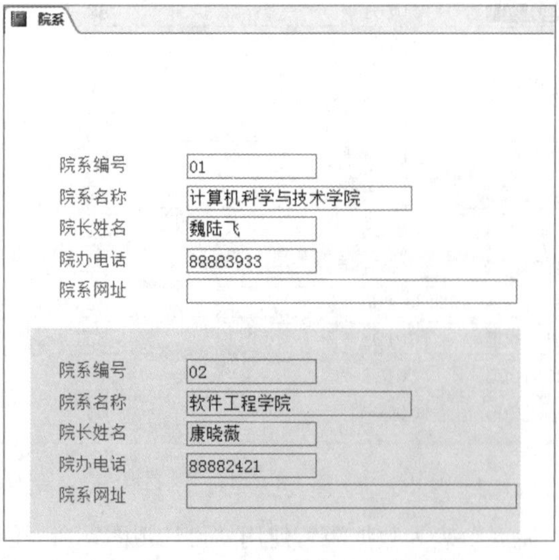

图 6-12 "院系"报表的"报表视图"

【实验任务 5】以"教师"表为数据源，使用"标签向导"创建报表，命名为"教师联系方式"。操作步骤如下：

（1）在"导航窗格"中，单击包含要在报表上显示的数据的表"教师"。

（2）单击"创建"选项卡→"报表"选项组→"标签"按钮，弹出"标签向导"对话框，这里可以选择标准型号的标签，也可以自定义标签的大小。这里选择"42-133"标签样式，如图 6-13 所示。

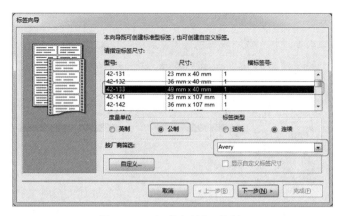

图 6-13　"标签向导"对话框

（3）单击"下一步"按钮，可以设置适当的字体、字号、字体粗细和文本颜色，如图6-14所示。

图 6-14　选择文本的字体和颜色

（4）单击"下一步"按钮，根据需要选择创建标签要使用的字段。选择左侧"可用字段"列表框中的"姓名"字段，单击 > 按钮将它添加到右侧的"原型标签"列表框中，用同样的方法将"职称"字段也添加到右侧的"原型标签"列表框中。然后按【Enter】键，转到下一行，输入文字"联系电话："，再将"办公电话"字段也添加到右侧列表框中，如图 6-15 所示。

图 6-15　选择创建标签要使用的字段

（5）单击"下一步"按钮，为标签选择"请确定按哪些字段排序"，选择"教师"表的"编号", 如图 6-16 所示。

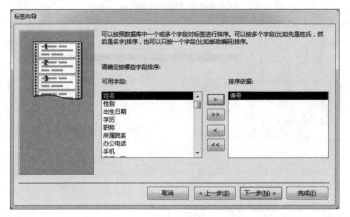

图 6-16 确定按哪些字段排序

（6）单击"下一步"按钮, 将新建的标签报表命名为"教师联系方式", 如图 6-17 所示。

图 6-17 指定标签报表名称

（7）单击"完成"按钮, 显示如图 6-18 所示的报表。

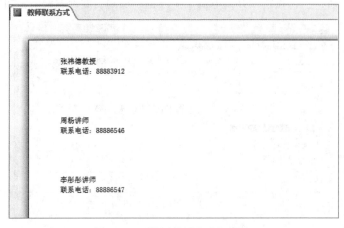

图 6-18 "教师联系方式"报表

【实验 6-2】 编 辑 报 表

一、实验目的

（1）学习在 Access 中编辑报表。
（2）学习报表中控件的使用。

二、实验内容及步骤

【实验任务❶】修改"院系"报表的布局，将其以表格方式显示。

操作步骤如下：

（1）打开"院系"报表的"设计视图"。

（2）选中标签"院系编号"，单击"开始"选项卡→"剪切板"选项组→"剪切"按钮，再单击"页面页眉"区域，然后单击"开始"选项卡中"剪切板"选项组的"粘贴"按钮，把标签移动到"页面页眉"区域。用同样的方法把其他字段也移动到"页面页眉"区域。调整各个控件的大小和位置，效果如图 6-19 所示。

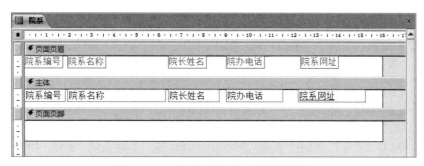

图 6-19 "院系"报表的"设计视图"

说明：各个控件的对齐方式、大小和间距可以在"报表设计工具"的"排列"选项卡中，单击"调整大小和排序"选项组的"大小 / 空格"和"对齐"下拉列表中的相应命令来完成。

（3）单击快速访问工具栏上的"保存"按钮，保存该报表的修改。切换到"报表视图"，效果如图 6-20 所示。

院系编号	院系名称	院长姓名	院办电话	院系网址
01	计算机科学与技术学院	魏陆飞	88883933	
02	软件工程学院	康晓薇	88882421	
03	大数据科学与技术学院	张祎德	88883912	
04	人工智能学院	王奕博	88886666	

图 6-20 "院系"报表的表格方式显示

【实验任务❷】创建"学生年龄信息报表",显示内容为学生的"学号"、"姓名"、"性别"和"年龄"字段,其中"年龄"字段为计算字段。"学生年龄信息报表"的"打印预览"视图如图 6-21 所示。

图 6-21 "学生年龄信息报表"的"打印预览"视图

操作步骤如下:

(1)单击"创建"选项卡→"报表"选项组→"报表设计"按钮,Access 将在"设计视图"中打开一个空白报表,并显示"字段列表"窗格。

(2)在"设计视图"左上角单击"报表选定器"按钮,再单击"工具"选项组的"属性表"按钮,弹出"属性表"窗格,在"数据"选项卡下,设置报表的记录源为"学生"表。

(3)单击"工具"选项组的"添加现有字段"按钮,弹出"字段列表"对话框。双击"学生"表中的"学号"、"姓名"和"性别"字段,将其拖动到报表的"主体"区。

(4)选中标签"学号",单击"开始"选项卡中"剪切板"选项组的"剪切"按钮,再单击"页面页眉"区域,然后单击"开始"选项卡中"剪切板"选项组的"粘贴"按钮,把标签移动到"页面页眉"区域。用同样的方法把其他字段也移动到"页面页眉"区域。调整各个控件的大小和位置,效果如图 6-22 所示。

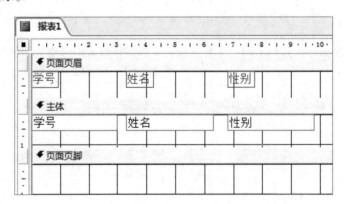

图 6-22 "学生年龄信息报表"的"设计视图"

(5)在"控件"选项组的列表框中选择"文本框"控件,在报表"主体"区中用鼠标拖动画一个矩形区域,然后再释放鼠标。单击文本框的"标签"控件,单击"开始"选项卡中"剪切板"

选项组的"剪切"按钮，再单击"页面页眉"区域，然后单击"开始"选项卡中"剪切板"选项组的"粘贴"按钮，把标签移动到"页面页眉"区域，并修改标签的标题为"年龄"。选中"文本框"控件并右击，在弹出的快捷菜单中选择"属性"命令，弹出"属性表"窗格，选择"数据"选项卡，再单击"控件来源"属性右侧的 █ 按钮，弹出"表达式生成器"对话框，在文本框中输入"=Year(Date())-Year([出生日期])"，如图 6-23 所示。然后单击"确定"按钮。

图 6-23　"表达式生成器"对话框

说明： 直接在文本框中输入"=Year(Date())-Year([出生日期])"，其效果是一样的。

（6）调整标签和文本框的适当位置，效果如图 6-24 所示。

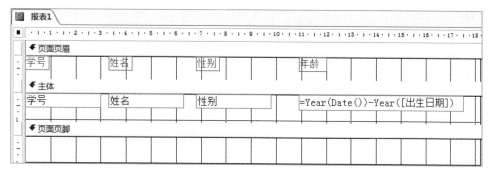

图 6-24　调整后的"学生年龄信息报表"的设计视图

（7）单击快速访问工具栏上的"保存"按钮，弹出"另存为"对话框，在"报表名称"文本框中输入报表的名称"学生年龄信息报表"，单击"确定"按钮，保存该报表。切换到"打印预览"视图，效果如图 6-21 所示。

【实验6-3】 报表排序和分组统计

一、实验目的

学习报表中的排序和分组统计。

二、实验内容及步骤

【实验任务❶】以"学生成绩查询"查询为数据源创建一个报表，以"学号"和"姓名"字段分组，按"学号"字段升序排列，显示学生的"课程名称"和"分数"，所创建的报表命名为"学生成绩查询报表"，显示效果如图6-25所示。

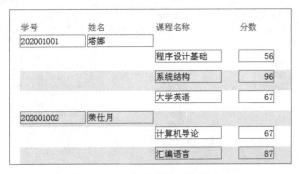

图6-25 学生成绩查询报表

操作步骤如下：

（1）单击"创建"选项卡→"报表"选项组→"报表设计"按钮，Access将在"设计视图"中打开一个空白报表，并显示"字段列表"窗格。

（2）单击"报表选定器"按钮，再在"报表设计工具"的"设计"选项卡中，单击"工具"选项组的"属性表"按钮，弹出"属性表"窗格，在"数据"选项卡下，设置报表的记录源为"学生成绩查询"。

（3）单击"工具"选项组的"添加现有字段"按钮，弹出"字段列表"窗格。双击"学生"表中的"学号"、"姓名"字段，"课程"表中的"课程名称"字段和"成绩"表中的"分数"字段，将其拖动到报表"主体"区，如图6-26所示。

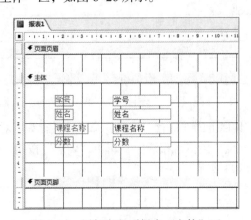

图6-26 添加字段到报表"主体"区

（4）选中标签"学号"，单击"开始"选项卡→"剪切板"选项组→"剪切"按钮，再单击"页面页眉"区域，然后单击"开始"选项卡→"剪切板"选项组→"粘贴"按钮，把标签移动到"页面页眉"区域。用同样的方法把其他字段也移动到"页面页眉"区域。调整各个控件的大小和位置，效果如图 6-27 所示。

图 6-27 调整字段的位置

（5）单击"报表设计工具"→"设计"选项卡→"分组和汇总"选项组→"分组和排序"按钮，弹出"分组、排序和汇总"窗格，如图 6-28 所示。

图 6-28 "分组、排序和汇总"窗格

（6）单击"添加组"按钮，选择"选择字段"下拉列表中的"学号"字段；单击"更多"按钮，打开更多选项。设置排序次序为"升序"，有"有页眉节"和"有页脚节"选项，如图 6-29 所示。

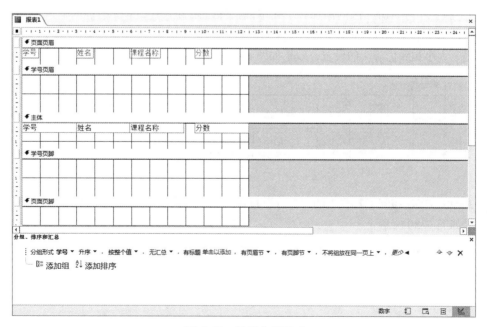

图 6-29 设置分组形式

（7）把"学号"和"姓名"字段移动到"学号页眉"区域。

（8）单击快速访问工具栏上的"保存"按钮，弹出"另存为"对话框，在"报表名称"文本框内输入报表的名称"学生成绩查询报表"，单击"确定"按钮，保存该报表。切换到"打印预览"视图，效果如图6-25所示。

【实验任务❷】在"学生成绩查询报表"的基础上，统计每个学生的总分和平均分，效果如图6-30所示。

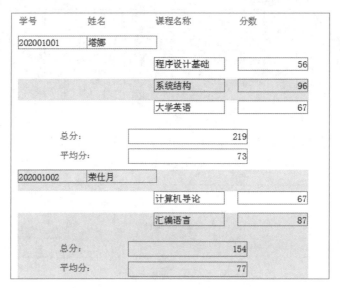

图6-30 "学生成绩查询报表"最终效果

操作步骤如下：

（1）打开"学生成绩查询报表"的"设计视图"。

（2）在"学号页脚"区内添加2个文本框控件，在第1个文本框控件内输入"=Sum([分数])"，在第2个文本框控件内输入"=Avg([分数])"，然后对文本框的标签和文本框进行格式（标题、大小和颜色等）的设置，效果如图6-31所示。

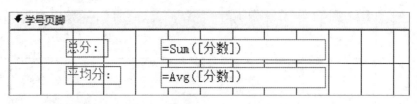

图6-31 设置"学号页脚"区

（3）单击快速访问工具栏上的"保存"按钮，保存该报表的修改。切换到"打印预览"视图，效果如图6-30所示。

【实验任务❸】在"学生成绩查询报表"的基础上，统计所有学生的总分和平均分，效果如图6-32所示。

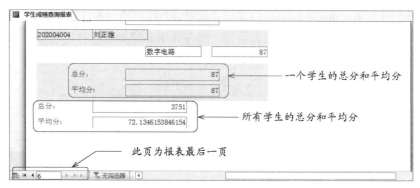

图 6-32　"学生成绩查询报表"的最后 1 页

操作步骤如下：

（1）打开"学生成绩查询"报表的"设计视图"。

（2）在主体区右击，在弹出的快捷菜单中选择"报表页眉/页脚"命令。

（3）在"报表页脚"区内添加 2 个文本框控件，在第 1 个文本框控件内输入"=Sum([分数])"，在第 2 个文本框控件内输入"=Avg([分数])"，然后对文本框的标签和文本框进行格式（大小，颜色等）的设置，效果如图 6-33 所示。

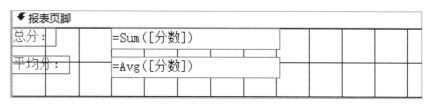

图 6-33　设置"报表页脚"区

（4）单击快速访问工具栏上的"保存"按钮，保存该报表的修改。切换到"打印预览"视图，效果如图 6-32 所示。

【实验 6-4】　高级报表的使用

一、实验目的

创建多列报表。

二、实验内容及步骤

【实验任务】创建多列报表（这里以"教师联系方式"报表为例，创建 3 列报表）。

操作步骤如下：

（1）打开"教师联系方式"报表的"设计视图"。

（2）单击"报表设计工具"→"页面设置"选项卡→"页面布局"选项组→"列"按钮，在"网格设置"标题下的"列数"文本框中输入每页所需的列数，设置列数为 3。

（3）在"列尺寸"标题下的"宽度"文本框中输入单个标签的列宽，在"高度"文本框中输入单个标签的高度值。也可以用鼠标拖动节的标尺来直接调整"主体"节的高度。

（4）单击"确定"按钮，完成报表设计，保存报表。切换到"打印预览"视图，效果如图 6-34 所示。

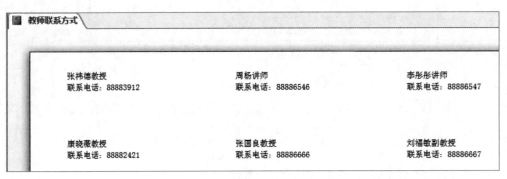

图 6-34 "教师联系方式"报表 2

第**7**章

宏

【实验 7-1】 创 建 宏

一、实验目的

（1）学习创建单个的宏。

（2）学习运行单个的宏。

二、实验内容及步骤

【**实验任务❶**】创建一个独立的宏，命名为"打开输入学生基本信息窗体"，功能是打开已经创建的"输入学生基本信息"窗体。

操作步骤如下：

（1）打开"教学管理"数据库。

（2）单击"创建"选项卡→"宏与代码"选项组→"宏"按钮，打开宏生成器。

（3）在"添加新操作"文本框中输入"OpenForm"操作命令，按【Enter】键，或者单击其下拉按钮，在弹出的下拉列表中选择该命令，然后在新出现的界面中填写各个参数，如图 7-1 所示。

	宏1	×
⊟ **OpenForm**		✕
窗体名称	输入学生基本信息	▼
视图	窗体	▼
筛选名称		
当条件 =		⚲
数据模式		▼
窗口模式	普通	▼
		更新参数
✚ 添加新操作	▼	

图 7-1　宏的参数设置

（4）在宏生成器窗口中，单击快速访问工具栏上的"保存"按钮，弹出"另存为"对话框，在"另存为"对话框中输入宏名"打开输入学生基本信息窗体"，再单击"确定"按钮，保存宏以结束宏的创建。

（5）单击"宏工具"→"设计"选项卡→"工具"选项组→"运行"按钮，运行该宏以查看效果。

【实验任务2】创建一个宏，命名为"多操作宏"，功能为依次打开"教师"表、"课程"表和"学生成绩查询"查询。

操作步骤如下：

（1）打开"教学管理"数据库。

（2）单击"创建"选项卡→"宏与代码"选项组→"宏"按钮，打开宏生成器窗口。

（3）在"添加新操作"文本框中输入"OpenTable"操作命令，或者单击其下拉按钮，在弹出的下拉菜单中选择该命令，然后填写各个参数（功能为打开"教师"表）。

（4）再在"添加新操作"文本框中输入"OpenTable"操作命令，或者单击其下拉按钮，在弹出的下拉列表中选择该命令，然后填写各个参数（功能为打开"课程"表）。

（5）继续在"添加新操作"文本框中输入"OpenQuery"操作命令，或者单击其下拉按钮，在弹出的下拉列表中选择该命令，然后填写各个参数（功能为打开"学生成绩查询"）。效果如图7-2所示。

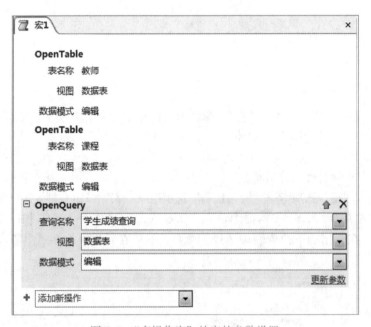

图7-2 "多操作宏"的宏的参数设置

（6）在宏生成器窗口中，单击快速访问工具栏上的"保存"按钮，弹出"另存为"对话框，在"另存为"对话框中输入宏名"多操作宏"，再单击"确定"按钮，保存宏，结束多操作宏的创建。

（7）单击"宏工具"→"设计"选项卡→"工具"选项组→"运行"按钮，运行该宏，查看效果。

【实验任务3】创建一个嵌入式宏，功能是当打开"主窗体"时弹出欢迎信息"欢迎您使用教学管理系统"。

操作步骤如下:

(1)打开"教学管理"数据库。

(2)打开"主窗体"的"设计视图"。

(3)双击"窗体选定器"按钮,打开"主窗体"的"属性表"窗格,选择"事件"选项卡,如图 7-3 所示。

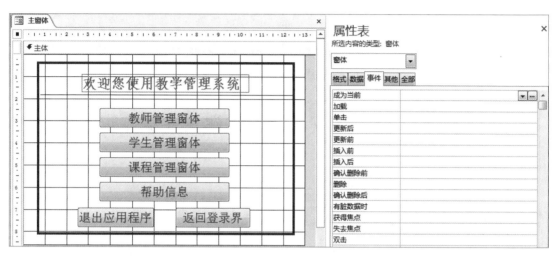

图 7-3 "属性表"窗格的"事件"选项卡

(4)单击"加载"属性框右侧的"..."按钮,弹出如图 7-4 所示的"选择生成器"对话框。

(5)单击"确定"按钮,打开宏生成器窗口,如图 7-5 所示。

图 7-4 "选择生成器"对话框

图 7-5 宏生成器窗口

(6)在"添加新操作"文本框中输入"MessageBox"操作命令,按【Enter】键;或者单击其下拉按钮,在弹出的下拉列表中选择该命令,然后填写各个参数,如图 7-6 所示。

图 7-6 设置宏的参数

（7）在宏生成器窗口中，单击快速访问工具栏上的"保存"按钮。

（8）切换到"主窗体"的"窗体视图"，查看效果。

【实验 7-2】 创建条件操作宏

一、实验目的

（1）学习条件宏的设置。

（2）学习条件宏的运行。

二、实验内容及步骤

【实验任务❶】创建一个条件宏，命名为"验证密码"。功能为判断"条件宏示例"窗体上的密码文本框（名为"password"）中输入的密码是否正确（这里密码暂定为"123456"）。如果正确，则打开"学生"表，否则弹出一个消息框"您的密码输入有误，请核对后再重新输入"。

说明："条件宏示例"窗体要先自行创建。窗体上的控件安排如表 7-1 所示，"窗体视图"图 7-7 所示。

表 7-1 "条件宏示例"窗体上的控件

控 件 类 型	控 件 名 称	控 件 标 题
1 个标签控件	lbl1	请输入密码：
1 个文本框控件	password	
2 个命令按钮	check	验证密码
	cmdQuit	退出

图 7-7 "条件宏示例"的"窗体视图"

操作步骤如下：

（1）单击"创建"选项卡→"宏与代码"选项组→"宏"按钮，打开宏生成器窗口。

（2）从"添加新操作"的下拉列表中选择"If"选项，或将其从"操作目录"窗格中拖动到宏窗格中，如图 7-8 所示。

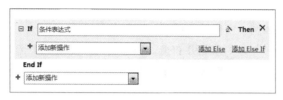

图 7-8 添加 If 操作

（3）在"If"的文本框中输入条件"[Forms]![条件宏示例]![password] = "123456""，在"添加新操作"的下拉列表中选择"OpenForm"选项，在宏操作参数"窗体名称"的下拉列表中选择"主窗体"选项，如图 7-9 所示。

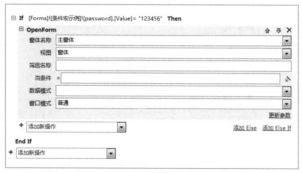

图 7-9 "验证密码"宏的"设计视图"

（4）在其右下角单击"添加 Else If"超链接。在"添加新操作"的下拉列表中选择"MessageBox"选项，在宏操作参数"消息"文本框中输入"您的密码输入有误，请核对后再重新输入！"，如图 7-10 所示。

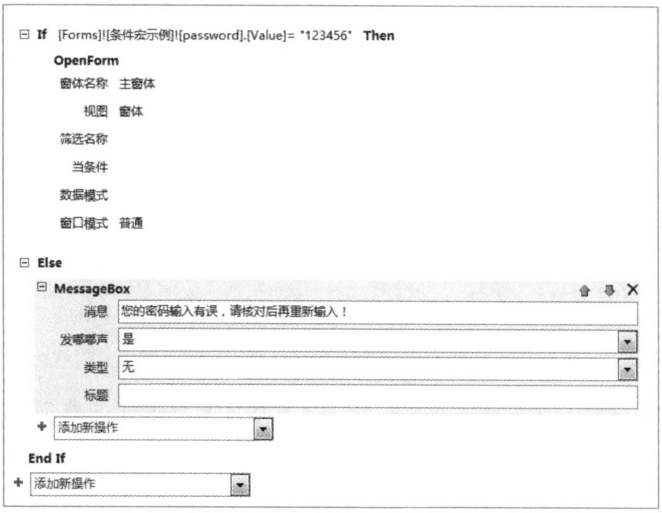

图 7-10 完成后宏的"设计视图"

（5）单击快速访问工具栏上的"保存"按钮，弹出"另存为"对话框。在"另存为"对话框中输入宏名"验证密码"，再单击"确定"按钮，保存宏。

【实验任务❷】打开窗体"条件宏示例"的设计视图，把宏"验证密码"加入到"验证密码"（名为"check"）按钮的"单击"事件，切换到"窗体视图"，并进行验证。

操作步骤如下：

（1）打开"条件宏示例"窗体的"设计视图"。

（2）选中"验证密码"命令按钮并右击，在弹出的快捷菜单中选择"属性"命令，弹出命令按钮的"属性表"窗格，在"事件"选项卡的"单击"属性下拉列表中选择宏对象"验证密码"，如图 7-11 所示。

图 7-11　选择宏对象"验证密码"

（3）切换到"条件宏示例"窗体的"窗体视图"，在"密码"文本框内输入密码，单击"密码验证"按钮进行验证。

【实验 7-3】　创 建 宏 组

一、实验目的

（1）学习创建宏组。

（2）学习宏组的使用。

二、实验内容及步骤

【实验任务❶】设计一个宏组"学生操作"，宏组的具体操作如表 7-2 所示。

表 7–2 "学生操作"宏组的具体操作

宏 名	操 作	操 作 参 数
查询男生	OpenQuery	男同学信息查询
	MaximizeWindow	
查询女生	OpenQuery	女同学信息查询
	MaximizeWindow	
关闭窗体	CloseWindow	

说明：女同学信息查询请自行创建。

操作步骤如下：

（1）打开"教学管理"数据库。

（2）单击"创建"选项卡→"宏与代码"选项组→"宏"按钮，打开宏生成器窗口。

（3）从"添加新操作"的下拉列表中选择"Submacro"选项，或将其从"操作目录"窗格拖动到宏窗格中，如图 7–12 所示。

（4）输入子宏的名称"查询男生"，在"添加新操作"文本框中输入"OpenQuery"操作命令；或者单击其下拉按钮，在弹出的下拉列表中选择该命令，然后填写各个参数。再在"添加新操作"文本框中输入"MaximizeWindow"操作命令，然后填写各个参数。填写完后的效果如图 7–13 所示。

图 7–12 创建子宏

图 7–13 "查询男生"子宏参数设置

（5）从"添加新操作"的下拉列表中选择"Submacro"选项，输入子宏的名称"查询女生"；在"添加新操作"文本框中输入"OpenQuery"操作命令，然后填写各个参数。再在"添加新操作"文本框中输入"MaximizeWindow"操作命令，完成"查询女生"子宏的创建。

（6）从"添加新操作"的下拉列表中选择"Submacro"选项，输入子宏的名称"关闭窗体"，在"添加新操作"文本框中输入"CloseWindow"操作命令，完成"关闭窗体"子宏的创建。

（7）在宏生成器窗口中，单击快速访问工具栏上的"保存"按钮，弹出"另存为"对话框，输入宏名"学生操作"，再单击"确定"按钮，保存宏组，结束包含多个宏操作的宏组创建，效果如图 7–14 所示。

图 7-14 "学生操作"宏组创建完成

【实验任务❷】把宏组"学生操作"放到"宏组示例"窗体上的相应按钮的单击事件中。

说明:"宏组示例"窗体请先自行创建,窗体上的控件如表 7-3 所示,"窗体视图"如图 7-15 所示。

表 7-3 窗体上的控件设置

控件类型	控件名称	控件标题
3 个命令按钮	Command0	查询男生
	Command1	查询女生
	Command2	关闭

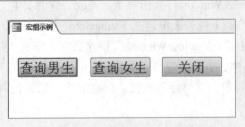

图 7-15 "宏组示例"的"窗体视图"

操作步骤如下：

（1）打开"宏组示例"窗体的"设计视图"。

（2）选中第 1 个命令按钮"查询男生"并右击，在弹出的快捷菜单中选择"属性"命令，弹出命令按钮的"属性表"窗格，在"事件"选项卡中"单击"属性的下拉列表中选择宏对象"学生操作 . 查询男生"，如图 7-16 所示。

图 7-16 设置"查询男生"按钮的"单击"事件

（3）用同样的方法，为第 2 个命令按钮设置宏对象"学生操作 . 查询女生"，为第 3 个命令按钮设置宏对象"学生操作 . 关闭窗体"。

（4）单击快速访问工具栏上的"保存"按钮，保存窗体的修改。

（5）切换到"窗体视图"，单击各个按钮查看效果。

【实验 7-4】 常用宏命令

一、实验目的

学习常见的宏的操作命令。

二、实验内容及步骤

【实验任务】自行设定情节，练习使用下列宏。

（1）打开或关闭数据库对象类代码如下：

```
OpenTable
OpenQuery
OpenForm
OpenReport
```

（2）运行和控制流程代码如下：

```
RunMacro
QuitAccess
```

（3）刷新、查找数据或定位记录代码如下：

```
FindRecord
FindNext
GoToControl
GoToRecord
```

（4）控制显示代码如下：

```
RestoreWindow
MinimizeWindow
MaximizeWindow
```

（5）通知或警告用户代码如下：

```
Beep
MessageBox
```

操作步骤略。

第 **8** 章
模块和 VBA 编程

【实验 8-1】 熟悉 VBA 编程环境

一、实验目的

（1）熟悉 Visual Basic 编辑器（Visual Basic Editor, VBE）。

（2）掌握立即窗口的使用。

二、实验内容及步骤

【实验任务❶】练习以不同的方法进入 VBE。VBE 窗口如图 8-1 所示。

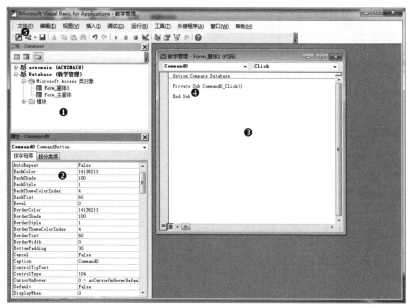

❶ 工程资源管理器

❷ "属性"窗格

❸ "代码"窗格

❹ 两句之间输入代码

❺ 视图 Microsoft Office Access

图 8-1　VBE 窗口

操作方法如下：

（1）在数据库中，单击"数据库工具"选项卡→"宏"选项组→"Visual Basic"按钮。

（2）在数据库中，单击"创建"选项卡→"宏与代码"选项组→"Visual Basic"按钮。

（3）创建新的标准模块，单击"创建"选项卡中"宏与代码"选项组的"模块"按钮，则在 VBE 编辑器中创建一个空白模块。

（4）如果已有一个标准模块，可选择导航窗格中的"模块"对象，在模块对象列表中双击选中的模块，则可在 VBE 编辑器中打开该模块。

（5）对于属于窗体或报表的模块可以打开窗体或报表的"设计视图"，选择"属性"窗格的"事件"选项卡中某个事件框右侧的"生成器"按钮，弹出"选择生成器"对话框，选择其中的"代码生成器"选项即可，如图 8-2 所示。

【实验任务❷】在"立即窗口"窗格（单击"视图"菜单中的"立即窗口"命令，弹出"立即窗口"窗格，如图 8-3 所示）中计算下列表达式的值，理解相关运算符的含义及功能。

（1）算术运算。

① 10 mod 4。② 10 mod 2。③ 12 mod -5。④ -12.7 mod -5。⑤ 3^2。⑥ 2^2^2。⑦ (-2)^3。⑧ 10.2\4.9。⑨ 9/3。⑩ 9\3。⑪ 10/3。⑫ 10\3。⑬ 3*3\3/3。

图 8-2　"选择生成器"对话框

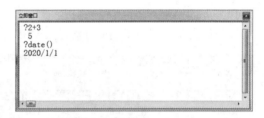

图 8-3　立即窗口

（2）关系运算。

① 10 > 4。② 1 >= 2。③ 1 = 2。④ "ab" < > "aaa"。⑤ " 男 " > " 女 "。⑥ #2009-01-09# <= #2008-01-21#。

（3）逻辑运算。

① 10 mod 4 And 1>2。② 10 mod 4 Or 1>2。③ Not (4 > 3)。

（4）字符连接运算。

① "2+3" & "=" & (2+3)。② "2+3" + "=" & (2+3)。③ "2+3" &"="+ (2+3)。

（5）函数。

① Date()。② Dateserial(2009,10,1)。③ Left（" 计算机等级考试 ",3）。④ Len(Space(5))。

【实验 8-2】 常用对象属性和事件

一、实验目的

学习常用对象的属性和事件。

二、实验内容及步骤

【实验任务❶】创建一个 Access 数据库，命名为"VBA 程序设计"。创建一个窗体，命名为"VBA 程序设计示例 1"。窗体上的控件设置如表 8-1 所示，窗体界面如图 8-4 所示。窗体功能为：当单击"显示"命令按钮时，文本框中会出现"Hello，欢迎使用 VBA"消息；当单击"清除"命令按钮时，文本框中内容将消失。

表 8-1 "VBA 程序设计示例 1"窗体上的控件设置

控 件 类 型	控 件 名 称	控 件 标 题
1 个文本框控件	txt1	
2 个命令按钮	cmdDisplay	显示
	cmdClear	清除

图 8-4 "VBA 程序设计示例 1"窗体界面

操作步骤如下：

（1）创建一个 Access 数据库，命名为"VBA 程序设计"。

（2）创建一个窗体，在窗体上创建 1 个文本框和 2 个命令按钮（不用控件向导）。

（3）在创建控件时，系统自动为控件对象命名。为了在程序代码中书写方便，并能见名知意，应该修改控件对象名称。控件的名称和标题如表 8-1 所示。

（4）修改窗体的属性，使之不显示记录选择器、导航按钮、分隔线和滚动条。

（5）在"cmdDisplay"命令按钮的"属性表"窗格中，选择"事件"选项卡，单击"单击"事件的"···"按钮，在弹出的"选择生成器"对话框中，选择"代码生成器"，进入 VBA 编程环境。

（6）在代码窗口中，自动显示 cmdDisplay 的 Click 事件的第一句代码"Private Sub cmdDisplay_Click()"和最后一句代码"End Sub"。在这两句之间输入代码"txt1.Value="Hello，欢迎使用 VBA""。

（7）用同样的方法，在"cmdClear"命令按钮的"单击"事件中输入代码"txt1.Value=""""。

（8）在代码窗口中，单击左上角的"视图 Microsoft Access"按钮，切换到数据库窗口。

（9）在 Access 窗口中，单击左上角的"视图"按钮，切换至"窗体视图"，单击窗体中的命令按钮，查看运行结果。

（10）切换到窗体视图，保存窗体，命名为"VBA 程序设计示例 1"。

【实验任务❷】在"VBA 程序设计"数据库中，创建一个窗体，命名为"VBA 程序设计示例 2"。窗体上的控件如表 8-2 所示，窗体界面如图 8-5 所示。窗体功能为：当单击"隐藏"命令按钮时，标签消失；当单击"显示"命令按钮时，标签显示；当单击"关闭"命令按钮时，关闭窗体。

表 8-2 "VBA 程序设计示例 2"窗体上的控件设置

控 件 类 型	控 件 名 称	控 件 标 题
1 个标签	lblTitle	欢迎使用 VBA 创建程序！
3 个命令按钮	cmd1	隐藏
	cmd2	显示
	cmd3	关闭

请读者自行完成，参考代码如下：

```
Private Sub cmd1_Click()          '隐藏按钮的单击事件
    lblTitle.Visible=False
End Sub
Private Sub cmd2_Click()          '显示按钮的单击事件
    lblTitle.Visible=True
End Sub
Private Sub cmd3_Click()          '关闭按钮的单击事件
    DoCmd.Close
End Sub
```

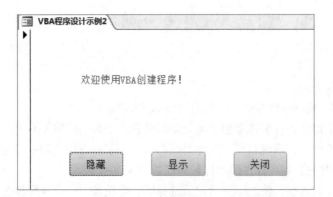

图 8-5 "VBA 程序设计示例 2"窗体界面

【实验任务❸】在"VBA 程序设计"数据库中，创建一个窗体，命名为"VBA 程序设计示例 3"。窗体上的控件如表 8-3 所示，窗体界面如图 8-6 所示。窗体功能为：当单击"计算"命令按钮时，在 result 文本框中显示 number1 和 number2 的和；当单击"重置"命令按钮时，清空文本框的内容；当单击"关闭"命令按钮时，关闭窗体。

表 8-3　"VBA 程序设计示例 3" 窗体上的控件设置

控 件 类 型	控 件 名 称	控 件 标 题
3 个标签	number1	Number1:
	number2	Number2:
	result	Result:
3 个文本框	txt1	
	txt2	
	txt3	
3 个命令按钮	cmd1	计算
	cmd2	重置
	cmd3	关闭

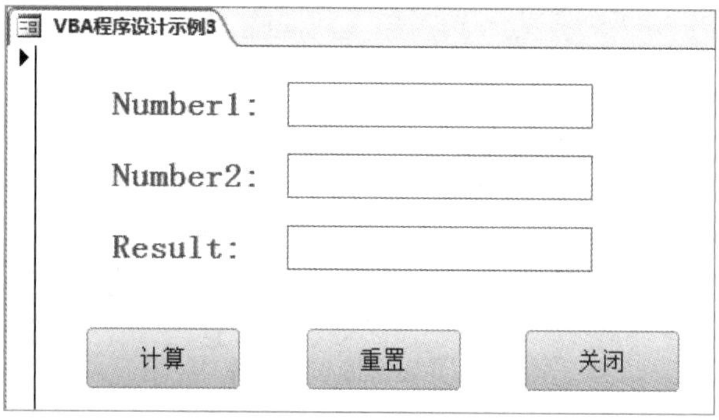

图 8-6　"VBA 程序设计示例 3" 窗体界面

请读者自行完成，参考代码如下：

```
Private Sub cmd1_Click()        '计算按钮的单击事件
    txt3=Val(txt1.Value)+Val(txt2.Value)
End Sub
Private Sub cmd2_Click()        '重置按钮的单击事件
    txt1.Value=""
    txt2.Value=""
    txt3.Value=""
End Sub
Private Sub cmd3_Click()        '关闭按钮的单击事件
    DoCmd.Close
End Sub
```

说明：在 "计算" 按钮的 "单击" 事件中，为什么要使用 Val() 函数？如果不使用该函数，会出现什么样的结果？请自行进行试验验证。

【实验 8-3】 VBA 程序流程控制

一、实验目的

学习使用 VBA 程序流程控制语句。

二、实验内容及步骤

【实验任务 ❶】电费的收费标准是 100 度以内（包括 100 度）0.48 元 / 度，超过部分为 0.96 元 / 度。编写程序，要求根据输入的任意用电量（度），计算出应收的电费。电费收费程序窗体如图 8-7 所示。

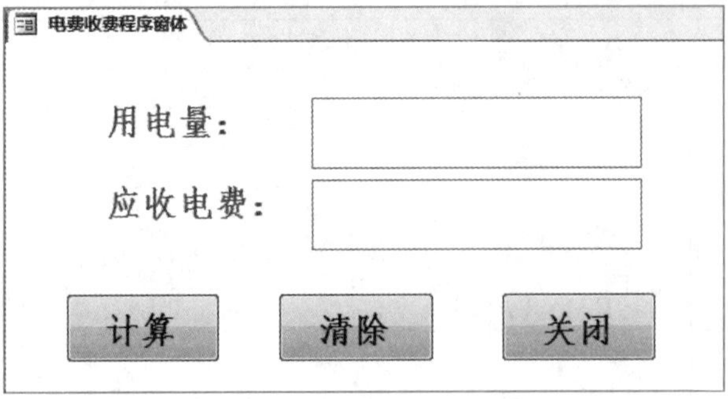

图 8-7 电费收费程序窗体

操作步骤略。参考代码如下，请自行练习。

"计算"按钮代码如下：

```
Private Sub cmd1_Click()
    Dim y As Single            '定义一个变量用于表示用电量
    Dim p As Single            '定义一个变量用于表示费用
    y=Val(Txt1.Value)          ' Txt1 为第 1 个文本框的名称，用来输入用电量
    If y>100 Then
        p=(y-100)*0.96+100*0.48
    Else
        p=y*0.48
    End If
    Txt2.Value=p               'Txt2 为第 2 个文本框的名称，用来显示金额
End Sub
```

【实验任务 ❷】"成绩等级鉴定"窗体如图 8-8 所示，功能为：
输入一个学生的一门课分数 x（百分制），并根据成绩划分等级。

当 $x \geq 90$ 时，输出"优秀"；

当 $80 \leq x < 90$ 时，输出"良好"；

当 $70 \leq x < 80$ 时，输出"中"；

当 $60 \leq x < 70$ 时，输出"及格"；

当 $x < 60$ 时，输出"不及格"。

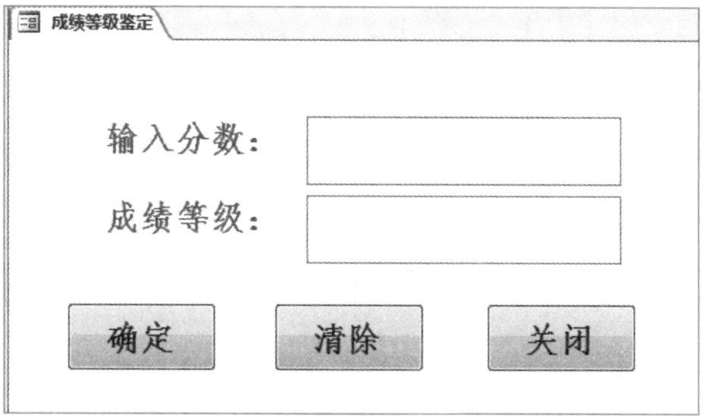

图 8-8　"成绩等级鉴定" 窗体

操作步骤略。参考代码如下，请自行练习。

方法一：用多分支 if 语句实现， "确定" 命令按钮代码如下。

```
Private Sub cmd1_Click()        ' "确定" 命令按钮 "单击" 事件
    Dim score As Single
    score=val(Txt1.Value)       ' Txt1 为第 1 个文本框的名称，用来输入学生分数
    If score>=90 Then
        Txt2.Value=" 优秀 "      ' Txt2 为第 2 个文本框的名称，用来显示等级
    ElseIf score>=80 Then
        Txt2.Value=" 良好 "
    ElseIf score>=70 Then
        Txt2.Value=" 中 "
    ElseIf  score>=60 Then
        Txt2.Value=" 及格 "
    Else
        Txt2.Value=" 不及格 "
    End If
End Sub
```

方法二：用 Select Case 语句实现， "确定" 命令按钮代码如下。

```
Private Sub cmd1_Click()
    Dim score!
    score=val(txt1.Value)
    Select Case score
      Case 90 To 100
        txt2.Value=" 优秀 "
      Case 80 To 89
        txt2.Value=" 良好 "
      Case 70 To 79
        txt2.Value=" 中 "
      Case 60 To 69
        txt2.Value=" 及格 "
      Case Else
        txt2.Value=" 不及格 "
    End Select
End Sub
```

"关闭" 按钮代码如下：

```
Private Sub cmd2_Click()
```

```
    DoCmd.Close
End Sub
```

【实验任务❸】求 1+2+···+100 之和。

程序设计窗体上的控件如表 8-4 所示，设计界面如图 8-9 所示，窗体命名为"求和"。

表 8-4 "求和"窗体上的控件设置

控 件 类 型	控 件 名 称	控 件 标 题
1 个文本框	txt1	
1 个命令按钮	cmd1	求和

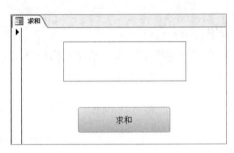

图 8-9 "求和"窗体

操作步骤略。

"求和"按钮的参考代码如下：

```
Dim n As Integer,s As Integer
s=0
For n=1 To 100
    s=s+n
Next n
txt1.Value=s
```

【实验任务❹】求 N!（N 为自然数）。

程序设计窗体上的控件如表 8-5 所示，设计界面如图 8-10 所示，窗体命名为"求阶乘"。

表 8-5 "求阶乘"窗体上的控件设置

控 件 类 型	控 件 名 称	控 件 标 题
1 个文本框	txt1	
1 个命令按钮	cmd1	求阶乘

图 8-10 "求阶乘"窗体

操作步骤略。"求阶乘"按钮的参考代码如下：

```
Private Sub cmd1_Click()
     Dim i As Integer
     Dim p As Long
     Dim n As Integer
     n=InputBox("请输入自然数: ","输入提示","10")
     p=1
     For i=1 To n
        p=p*i
     Next i
     txt1.Value=n & "的阶乘是" & p
End Sub
```

【实验 8-4】　模块的创建和调用

一、实验目的

（1）学习标准模块的创建。

（2）学习过程的创建和调用。

二、实验内容及步骤

【实验任务❶】创建一个能在屏幕上显示"欢迎大家使用 VBA！"的提示框模块，模块名称为"示例模块"。

操作步骤如下：

（1）打开数据库。

（2）单击"创建"选项卡→"宏与代码"选项组→"模块"按钮。打开如图 8-11 所示的新的模块定义窗口。

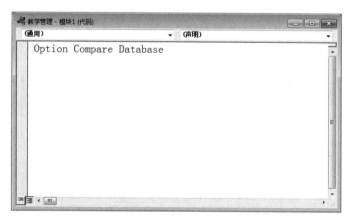

图 8-11　模块定义窗口

（3）在新的模块定义窗口中输入如图 8-12 所示代码。

图 8-12 输入代码

（4）单击工具栏上的"保存"按钮保存此模块，命名为"示例模块"。

（5）单击工具栏上的"运行子过程/用户窗体"按钮可以查看此模块的执行效果，如图 8-13 所示。

【实验任务❷】新建"排序"模块，实现输入两个整数，并按从小到大排序输出。

操作步骤如下：

（1）打开数据库。

（2）单击"创建"选项卡→"宏与代码"选项组→"模块"按钮。

（3）选择"插入"→"过程"命令，弹出如图 8-14 所示的"添加过程"对话框，并按照图 8-14 输入相应信息。

图 8-13 模块运行结果

图 8-14 "添加过程"对话框

（4）单击"确定"按钮。

（5）此时在打开的 Visual Basic 编辑器窗口中添加了一个名为 swap 的过程，并在该过程中输入如图 8-15 所示的代码。

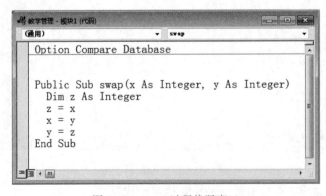

图 8-15 swap 过程代码窗口

（6）单击工具栏上的"保存"按钮，保存模块，命名为"排序"。

【实验任务❸】添加过程 Data_In_Out，实现数据的输入 / 输出，如图 8-16 所示。

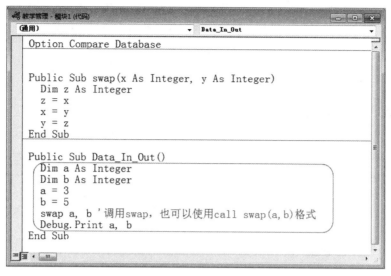

图 8-16　Data_In_Out 过程代码窗口

（1）单击工具栏上的"保存"按钮保存模块。

（2）将光标位于 Data_In_Out 过程的任何位置，单击工具栏上的"运行子过程 / 用户窗体"按钮，在立即窗口中显示排序结果，如图 8-17 所示。

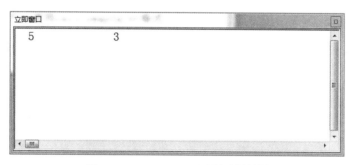

图 8-17　Data_In_Out 过程运行结果

【实验 8-5】　VBA 常用操作

一、实验目的

（1）学习 VBA 常用操作。

（2）学习使用输入框（InputBox）函数。

（3）学习使用消息框（MsgBox）。

二、实验内容及步骤

【实验任务❶】在"教学管理"数据库中，创建一个窗体，命名为"常用 VBA 操作"，窗体上的控件如表8-6所示，窗体界面如图8-18所示。窗体各个按钮功能如下：

（1）单击"Command1"按钮时，以数据表方式打开"学生"表。

（2）单击"Command2"按钮时，以数据表方式打开"学生平均成绩"查询。

（3）单击"Command3"按钮时，以设计视图方式打开"教师"窗体。

（4）单击"Command4"按钮时，以打印预览方式打开"课程"报表。

（5）单击"Command5"按钮时，关闭当前窗体。

（6）单击"Command6"按钮时，退出 Access 应用程序。

表8-6　"常用 VBA 操作示例"窗体上的控件设置

控 件 类 型	控 件 名 称	控 件 标 题
6个命令按钮	Command1	打开"学生"表
	Command2	打开"学生平均成绩"查询
	Command3	打开"教师"窗体
	Command4	打开"课程报表"
	Command5	关闭窗体
	Command6	退出应用程序

操作步骤如下：

（1）打开"教学管理"数据库，创建一个窗体，在窗体上创建6个命令按钮（不用控件向导）。

（2）修改控件的名称和标题，如表8-6所示。

（3）修改窗体的属性，使之不显示记录选择器、导航按钮、分隔线和滚动条，设置窗体的标题为"常用 VBA 操作示例"。

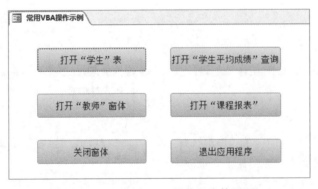

图8-18　"常用 VBA 操作"窗体界面

（4）在"Command1"命令按钮的"属性表"窗格中，选择"事件"选项卡，单击"单击"事件右侧的"…"按钮，在弹出的"选择生成器"对话框中，选择"代码生成器"，进入 VBE 窗口。

（5）在代码窗口中，自动显示"Command1"的"单击"事件的第一句代码"Private Sub Command1_Click()"和最后一句代码"End Sub"。在这两句之间输入代码"DoCmd.OpenTable "学生""，如图8-19中 ❶ 所示。

（6）用同样的方法，分别在"Command2"、"Command3"、"Command4"、"Command5"

和"Command6"命令按钮的"单击"事件中输入代码，如图 8-19 中 ❷、❸、❹、❺ 和 ❻ 所示。

（7）在 VBE 窗口中，单击左上角的"视图 Microsoft Access"按钮，切换到数据库窗口。

（8）在 Access 窗口中，单击左上角的"视图"按钮，切换至窗体视图，单击窗体上的各命令按钮，查看运行结果。

（9）保存窗体，命名为"常用 VBA 操作"。

图 8-19　"代码"窗格

【实验任务❷】在"教学管理"数据库中，创建一个窗体，命名为"InputBox 函数示例"。窗体上的控件如表 8-7 所示，窗体界面如图 8-20 所示。单击窗体上"确定"按钮，实现的功能是：接受从键盘输入的 10 个大于 0 的整数，找出其中的最大值和对应的输入位置。

表 8-7　"InputBox 函数示例"窗体上的控件设置

控 件 类 型	控 件 名 称	控 件 标 题
1 个文本框	txt1	
1 个命令按钮	cmd1	确定

图 8-20　"InputBox 函数示例"窗体

操作步骤如下：

（1）创建一个窗体，在窗体上创建 1 个文本框和 1 个命令按钮（不用控件向导）。

（2）修改控件的名称和标题，如表 8-7 所示。

（3）修改窗体的属性，使之不显示记录选择器、导航按钮、分隔线和滚动条，设置窗体的标题为"InputBox 函数示例"。

（4）在"cmd1"命令按钮的"属性表"窗格中，选择"事件"选项卡，"单击"单击"单击"事件的 按钮，在弹出的"选择生成器"对话框中，选择"代码生成器"，进入 VBE 窗口。

（5）在代码窗口中，自动显示"cmd1"按钮的"单击"事件的第一句代码"Private Sub cmd1_Click()"和最后一句代码"End Sub"。在这两句之间输入如图 8-21 所示的代码。

```
cmd1                                    ▼  Click                              ▼
Option Compare Database

Private Sub cmd1_Click()
  Dim max As Integer
  Dim max_n As Integer
  For i = 1 To 10
    num = Val(InputBox("请输入第" & i & "个大于0的整数："))
    If num > max Then
        max = num
        max_n = i
    End If
  Next i
  txt1.Value = "最大值为第" & max_n & "个输入的" & max
End Sub
```

图 8-21 "cmd1"按钮的"单击"事件代码

（6）在 VBE 窗口中，单击左上角的"视图 Microsoft Access"按钮 ，切换到数据库窗口。

（7）在 Access 窗口中，单击左上角的"视图"按钮 ，切换至窗体视图，单击窗体中的命令按钮，查看运行结果。

（8）切换到窗体视图，保存窗体，命名为"InputBox 函数示例"。

【实验任务 3】在"教学管理"数据库中，创建一个窗体，命名为"MsgBox 函数使用示例"。窗体上的控件如表 8-8 所示，窗体界面如图 8-22 所示。单击窗体中的"测试"按钮，实现功能是：打开如图 8-23 所示的对话框，如果单击"是（Y）"按钮，弹出"您单击了按钮 Yes"消息，如果单击"否（N）"按钮，弹出"您单击了按钮 No"消息。

图 8-22 "MsgBox 使用示例"窗体

图 8-23 单击"测试"按钮效果

表 8-8　"MsgBox 使用示例"窗体上的控件设置

控 件 类 型	控 件 名 称	控 件 标 题
1 个标签	lbl1	MsgBox 函数使用示例
1 个命令按钮	cmd1	测试

操作步骤如下：

（1）创建一个窗体，在窗体上创建 1 个标签和 1 个命令按钮（不用控件向导）。

（2）修改控件的名称和标题，如表 8-8 所示。

（3）修改窗体的属性，使之不显示记录选择器、导航按钮、分隔线和滚动条，设置窗体的标题为"MsgBox 使用示例"。

（4）在"cmd1"命令按钮的"属性表"窗格中，选择"事件"选项卡，单击"单击"事件，的▩按钮，在弹出的"选择生成器"对话框中，选择"代码生成器"，进入 VBA 编程环境。

（5）在代码窗口中，自动显示"cmd1"按钮的"单击"事件的第一句代码"Private Sub cmd1_Click( )"和最后一句代码"End Sub"。在这两句之间输入如图 8-24 所示的代码。

```
Command1                          ▼   Click
Option Compare Database

Private Sub Command1_Click()
Dim msg, style, title, response

msg = "Do you want to continue?"
style = vbYesNo + vbCritical + vbDefaultButton2
title = "MsgBox演示"

response = MsgBox(msg, style, title)
If response = vbYes Then
    MsgBox "您单击了Yes按钮"
Else
    MsgBox "您单击了No按钮"
End If
End Sub
```

图 8-24　"cmd1"按钮的"单击"事件代码

（6）在代码窗口中，单击左上角的"视图 Microsoft Access"按钮，切换到数据库窗口。

（7）在 Access 窗口中，单击左上角的"视图"按钮▣·，切换至窗体视图，单击窗体中的命令按钮，查看运行结果。

（8）切换到窗体视图，保存窗体，命名为"MsgBox 使用示例"。

思考题：如果图中的按钮图标是 ❓或 ⚠或 ℹ，应该如何编写代码？

【实验 8-6】　数据库编程

一、实验目的

学习数据库的编程技术。

二、实验内容及步骤

【实验任务】进行如下操作：

（1）创建一个数据表，重命名为"密码"，密码表中的字段均为文本类型，数据如表8-9所示。

表8-9 密 码 表

用 户 名	密 码
Chen	1234
Zhang	5678
Wang	1234

（2）打开"登录窗体"，窗体中名为"username"的文本框用于输入用户名，名为"password"的文本框用于输入用户的密码。用户输入用户名和密码后，单击"登录系统"命令按钮（名为"login"），系统查找名为"密码表"的数据表，如果密码表中有指定的用户名且密码正确，则系统进入主窗体；如果用户名或密码输入错误，则给出相应的提示信息。

操作步骤略。请读者自行完成，"登录系统"命令按钮的代码参考如下：

```
Private Sub login_Click()
    Dim str As String
    Dim rs As New ADODB.Recordset
    Dim fd As ADODB.Field
    Set db=CurrentProject.Connection
    logname=Trim(Me!username)
    pass=Trim(Me!password)
    If Len(Nz(logname))=0 Then
        Msgbox "请输入用户名"
    ElseIf Len(Nz(pass))=0 Then
        Msgbox "请输入密码"
    Else
        str="select * from 密码表 where 用户名='"& logname & "'and 密码='" &
pass & "'"
        rs.open str,cn,adOpenDynamic,adLockOptimistic,adCmdText
        If  rs.eof  Then
            MsgBox "没有这个用户名或密码输入错误请重新输入"
            Me.username=""
            Me.password=""
        Else
            DoCmd.OpenForm "主窗体"
            MsgBox "欢迎使用教学管理系统"
        End If
    End If
End Sub
```

第2篇

全国计算机等级考试
（二级 Access）
专项训练

第 9 章
创建和使用表

表是数据库的基础，所有的数据都存放在表里，一个数据库中包括一个或多个表。

主要知识点

知识点 1　设计视图

（1）使用"设计视图"设计表结构。

（2）数据类型的设置。

（3）设置主键。

（4）设置字段属性：字段大小、格式、输入掩码、默认值、验证规则、验证文本、标题、索引、必需、说明等。

（5）修改结构：添加字段、修改字段、删除字段、调整字段的顺序。

（6）设置表的属性：表的验证规则、表的验证文本。

知识点 2　数据表视图

（1）输入数据。数字类型数据的输入、文本类型数据的输入、OLE 对象的输入（如插入图片）、是 / 否型数据的输入、日期 / 时间类型数据的输入。

（2）设置数据表的格式。改变字段的显示顺序、设置字体、调整行高、调整列宽、隐藏 / 取消隐藏字段、冻结 / 取消冻结字段、设置数据表格式。

（3）查找 / 替换命令。

（4）筛选 / 取消筛选：按窗体筛选、筛选器、高级筛选 / 排序。

知识点 3　建立表间关系，实施参照完整性

知识点 4　表的维护

（1）表的重命名。

（2）备份表。

（3）导入表。

（4）链接表。

（5）导出表。

（6）删除表。

【实训 9-1】

涉及的知识点

创建表结构，设置主键、验证规则、默认值、输入掩码、属性，创建查阅列表，输入记录。

操作要求

（1）在"实训 9-1"文件夹下的"samp1.accdb"数据库文件中建立表"tTeacher"，其结构如表 9-1 所示。

表 9-1　"tTeacher"表结构

字 段 名 称	数 据 类 型	字 段 大 小	格　　式
编号	短文本	5	
姓名	短文本	4	
性别	短文本	1	
年龄	数字	整型	
工作时间	日期 / 时间		短日期
学历	短文本	5	
职称	短文本	5	
邮箱密码	短文本	6	
联系电话	短文本	8	
在职否	是 / 否		是 / 否

（2）根据"tTeacher"表的结构，判断并设置主键。

（3）设置"工作时间"字段的验证规则属性为只能输入上一年度 5 月 1 日（含）以前的日期（规定：本年度年号必须用函数获取）。

（4）将"在职否"字段的默认值设置为真值；设置"联系电话"字段的输入掩码，要求前 4 位为"010-"，后 8 位为数字；设置"邮箱密码"字段的输入掩码为将输入的密码显示为 6 位星号。

（5）将"性别"字段值的输入设置为"男"和"女"下拉列表选择。

（6）在"tTeacher"表中输入两条记录，内容如表 9-2 所示。

表 9-2　"tTeacher"表中的记录

编号	姓名	性别	年龄	工作时间	学历	职称	邮箱密码	联系电话	在职否
77012	郝海为	男	67	1962-12-8	大本	教授	621208	65976670	
92016	李丽	女	32	1962-9-3	研究生	讲师	920903	65976444	√

【实训 9-2】

涉及的知识点

创建表结构，设置主键、默认值，输入记录，输入掩码及隐藏字段。

操作要求

（1）在"实训 9-2"文件夹下的"samp1.accdb"数据库文件中建立"tBook"表，其结构如表 9-3 所示。

表 9-3 "tBook"表结构

字 段 名 称	数 据 类 型	字 段 大 小	格 式
编号	短文本	8	
教材名称	短文本	30	
单价	数字	单精度	小数位数 2 位
库存数量	数字	整型	
入库日期	日期 / 时间		短日期
需要重印否	是 / 否		是 / 否
简介	长文本		

（2）判断并设置"tBook"表的主键。

（3）设置"入库日期"字段的默认值为系统当前日期的前一天。

（4）在"tBook"表中输入两条记录，内容如表 9-4 所示。

表 9-4 "tBook"表的新添记录

编 号	教 材 名 称	单 价	库 存 数 量	入 库 日 期	需要重印否	简 介
201401	VB 入门	37.50	0	2014-4-1	√	考试用书
201402	英语六级强化	20.00	1000	2014-4-3	√	辅导用书

说明："单价"字段为两位小数显示。

（5）设置"编号"字段的输入掩码为只能输入 8 位数字或字母。

（6）在数据表视图中将"简介"字段隐藏起来。

【实训 9-3】

涉及的知识点

导入表、创建表结构，设置主键、验证规则，输入记录，添加字段及输入 OLE 对象（插入图片）。

操作要求

在"实训 9-3"文件夹下存在两个数据库文件和一个照片文件，数据库的文件名分别为"samp1.accdb"和"dResearch.accdb"，照片的文件名为"照片.bmp"，试按以下操作要求完成表的建立和修改：

（1）将"实训 9-3"文件夹下"dResearch.accdb"数据库中的"tEmployee"表导入到"samp1.accdb"数据库中。

（2）创建一个名为"tBranch"的新表，其结构如表 9-5 所示。

表 9-5 "tBranch"表结构

字 段 名 称	类 型	字 段 大 小
部门编号	短文本	16
部门名称	短文本	10
房间号	数字	整型

（3）判断并设置"tBranch"表的主键。

（4）设置新表"tBranch"中"房间号"字段的"验证规则"属性，保证其输入的数在 100 ~ 900 之间（不包括 100 和 900）。

（5）在"tBranch"表中输入新记录，内容如表 9-6 所示。

表 9-6 "tBranch"表新记录

部 门 编 号	部 门 名 称	房 间 号
001	数量经济	222
002	公共关系	333
003	商业经济	444

（6）在"tEmployee"表中添加一个新字段，字段名为"照片"，类型为"OLE 对象"。设置"李丽"记录的"照片"字段数据为"实训 9-3"文件夹下的"照片.bmp"图像文件。

【实训 9-4】

涉及的知识点

创建表结构，设置主键、必填字段、默认值、验证规则和验证短文本，输入记录及设置表间关系。

操作要求

在"实训 9-4"文件夹下存在一个数据库文件"samp1.accdb"，该数据库文件已经完成了表"tDoctor"、"tOffice"、"tPatient"和"tSubscribe"的设计。试按以下操作要求完成各种操作：

（1）在"samp1.accdb"数据库中建立一个新表，命名为"tNurse"，其结构如表 9-7 所示。

表 9-7　"tNurse"表结构

字 段 名 称	数 据 类 型	字 段 大 小
护士 ID	短文本	8
护士姓名	短文本	6
年龄	数字	整型
工作日期	日期 / 时间	

（2）判断并设置"tNurse"表的主键。

（3）设置"护士姓名"字段为必需字段，"工作日期"字段的默认值设置为系统当前日期的后一天。

（4）设置"年龄"字段的"验证规则"和"验证短文本"属性。"验证规则"属性设置为输入的年龄必须在 22 ~ 40 岁（含 22 岁和 40 岁）之间，"验证短文本"属性设置为"年龄应在 22 岁到 40 岁之间"。

（5）如表 9-8 所示，将其数据输入到"tNurse"表中。

表 9-8　"tNurse"表新记录

护士 ID	护 士 姓 名	年 龄	工 作 日 期
001	李霞	30	2000 年 10 月 1 日
002	王义民	24	1998 年 8 月 1 日
003	周敏	26	2003 年 6 月 1 日

（6）通过相关字段建立"tDoctor"、"tOffice"、"tPatient"和"tSubscribe"4 表之间的关系，并设置实施参照完整性。

【实训 9-5】

涉及的知识点

删除记录、字段,设置默认值,创建表结构,输入记录,设置验证规则、验证短文本及表间关系。

操作要求

在"实训 9-5"文件夹下"samp1.accdb"数据库文件中已完成表"tEmployee"的建立。试按以下操作要求完成表的建立和修改:

（1）删除"tEmployee"表中 1949 年以前出生的雇员记录。

（2）删除"简历"字段。

（3）将"tEmployee"表中"联系电话"字段的"默认值"属性设置为"010-"。

（4）建立一个新表,其结构如表 9-9 所示。主关键字为"ID",表名为"tSell",将表 9-10 所示的数据输入到"tSell"表的相应字段中。

表 9-9 "tSell"表结构

字 段 名 称	数 据 类 型
ID	自动编号
雇员 ID	短文本
图书 ID	数字
数量	数字
售出日期	日期 / 时间

表 9-10 "tSell"表新记录

ID	雇员 ID	图书 ID	数 量	售 出 日 期
1	1	1	23	2014-1-4
2	1	1	45	2014-2-4
3	2	2	65	2014-1-5
4	4	3	12	2014-3-1
5	2	4	1	2014-3-4

（5）将"tSell"表中"数量"字段的"验证规则"属性设置为大于等于 0,并在输入数据出现错误时,提示"数据输入有误,请重新输入"。

（6）建立"tEmployee"和"tSell"两表之间的关系,并设置实施参照完整性。

【实训 9-6】

涉及的知识点

设置数据表格式、说明属性、格式、输入 OLE 对象（插入图片），取消对所有列的冻结并删除相应字段。

操作要求

在"实训 9-6"文件夹下存在一个数据库文件"samp1.accdb"，该数据库文件已经完成了表"tStud"的设计。请按照以下要求完成对表的修改：

（1）设置数据表显示的字体大小为 14 磅、行高为 18 磅。

（2）设置"简历"字段的设计说明为"自上大学起的简历信息"。

（3）将"入校时间"字段的显示设置为"××月××日××××"的形式。

说明：要求月、日为 2 位显示，年 4 位显示，如"12 月 15 日 2013"。

（4）将学生学号为"20131002"的"照片"字段的数据设置成"实训 9-6"文件夹下的"photo.bmp"图像文件。

（5）将冻结的"姓名"字段解冻。

（6）将"长文本"字段删除。

【实训 9-7】

涉及的知识点

设置主键、验证规则、输入掩码，删除字段、记录，创建查阅列表及添加记录。

操作要求

在"实训 9-7"文件夹下存在一个数据库文件"samp1.accdb"，该数据库文件已经完成表"tEmployee"的设计。试按以下要求完成表的编辑：

（1）根据"tEmployee"表的结构，判断并设置主键。

（2）设置"性别"字段的验证规则属性为只能输入"男"或"女"。

（3）设置"年龄"字段的输入掩码属性为只能输入两位数字，并设置其默认值为 19。

（4）删除表结构中的"照片"字段；并删除表中职工编号为"000004"和"000014"的两条记录。

（5）设置"职务"字段为列表选择，列表中显示"职员"、"主管"和"经理"。

（6）在编辑完的表中追加一条新记录，内容如表 9-11 所示。

表 9-11　"tEmployee"表添加的新记录

编　号	姓　　名	性　别	年　龄	职　务	所属部门	聘用时间	简　　历
000031	刘红	女	25	职员	02	2000-9-3	熟悉软件开发

【实训 9-8】

涉及的知识点

字段的重命名和删除，设置主键、默认值，导入表、备份表。

操作要求

在"实训 9-8"文件夹下的"samp1.accdb"数据库文件中已建立了表对象"tEmp"。试按以下操作要求完成表"tEmp"的编辑：

（1）将"编号"字段改名为"工号"，并设置为主键。

（2）设置"年龄"字段的验证规则属性为不能是空值。

（3）设置"聘用时间"字段的默认值属性为系统当前年 1 月 1 号。

（4）删除表结构中的"简历"字段。

（5）将"实训 9-8"文件夹下"samp0.accdb"数据库文件中的表对象"tTemp"导入到"samp1.accdb"数据库文件中。

（6）在"samp1.accdb"数据库文件中做一个表对象"tEmp"的备份，命名为"tEL"。

【实训 9-9】

涉及的知识点

设置主键、显示属性、默认值、格式属性、验证规则、验证短文本、输入 OLE 对象（插入图片），创建查阅列表、导入表。

操作要求

在"实训 9-9"文件夹下存在一个数据库文件"samp1.accdb"、一个 Excel 文件"Test.xlsx"和一个图像文件"photo.bmp"。在数据库文件中已经建立了一个表对象"tStud"。试按以下操作要求完成各种操作：

（1）设置"ID"字段为主键，并设置其相应属性，使该字段在数据表视图中的显示标题为"学号"。

（2）将"性别"字段的默认值属性设置为"男"，"入校时间"字段的格式属性设置为"长日期"。

（3）设置"入校时间"字段的验证规则和验证短文本属性。将"验证规则"属性设置为输入的入校时间必须为 9 月，"验证短文本"内容为"输入的月份有误，请重新输入"。

（4）将学号为"20131002"学生的"照片"字段设置为"实训 9-9"文件夹下的"photo.bmp"图像文件（要求使用"由文件创建"方式）。

（5）为"政治面目"字段创建查阅列表，列表中显示"团员"、"党员"和"其他"3 个值。

（6）将"实训 9-9"文件夹下 Excel 文件"Test.xlsx"中的数据导入到当前数据库的新表中。要求第 1 行包含列标题，导入其中的"编号"、"姓名"、"性别"、"年龄"和"职务"5 个字段，选择"编号"字段为主键，并将新表命名为"tmp"。

【实训 9-10】

涉及的知识点

链接表，显示隐藏列，设置默认值、标题属性、数据表格式、字体及表间关系。

操作要求

在"实训 9-10"文件夹下有一个数据库文件"samp1.accdb"，该数据库文件已建立两个表对象"tGrade"和"tStudent"；并且还有一个 Excel 文件"tCourse.xlsx"。试按以下操作要求完成表的编辑：

（1）将 Excel 文件"tCourse.xlsx"链接到"samp1.accdb"数据库文件中，链接表的名称不变并将数据中的第 1 行作为字段名。

（2）将"tGrade"表中隐藏的列显示出来。

（3）将"tStudent"表中"政治面貌"字段的默认值属性设置为"团员"，并将该字段在数据表视图中的显示标题属性改为"政治面目"。

（4）设置"tStudent"表的显示格式，将表的背景色设置为"水蓝 3"，可选行颜色设置为"白色"，文字字号设置为 16 磅。

（5）建立"tGrade"和"tStudent"两表之间的关系。

【实训 9-11】

涉及的知识点

设置主键、验证短文本，删除字段，设置验证规则、行高及链接表。

操作要求

在"实训 9-11"文件夹下已存在"tTest.txt"短文本文件和"samp1.accdb"数据库文件，

并且在数据库文件"samp1.accdb"中已建立表对象"tStud"和"tScore"。试按以下要求完成表的各种操作：

（1）将"tScore"表的"学号"和"课程号"两字段设置为复合主键。

（2）设置"tStud"表中的"年龄"字段的"验证短文本"属性为"年龄值应大于16"，然后删除"tStud"表结构中的"照片"字段。

（3）设置"tStud"表的"入校时间"字段的"验证规则"属性为只能输入1月（含）到10月（含）的日期。

（4）设置表对象"tStud"的记录行显示高度为20磅。

（5）完成上述操作后，建立"tStud"和"tScore"表的表间一对多关系，并设置实施参照完整性。

（6）将"实训 9-11"文件夹下短文本文件"tTest.txt"中的数据链接到当前数据库中，并将数据中的第1行作为字段名，链接表对象命名为"tTemp"。

【实训 9-12】

涉及的知识点

设置默认值、验证规则、验证短文本，删除记录，导出表，设置表间关系。

操作要求

在"实训 9-12"文件夹下"samp1.accdb"数据库文件中已建立两个表对象（名为"职工表"和"部门表"）。试按以下要求顺序完成表的各种操作：

（1）表对象"职工表"的"聘用时间"字段默认值设置为系统日期。

（2）设置表对象"职工表"的性别字段的"验证规则"属性为男或女；同时设置相应"验证短文本"属性为"请输入男或女"。

（3）将表对象"职工表"中编号为"000019"的员工的"照片"字段值设置为"实训 9-12"文件夹下的图像文件"000019.bmp"。

（4）将职工表中姓名字段含有"江"字的所有员工记录删除。

（5）将表对象"职工表"导出到"实训 9-12"文件夹下的"samp.accdb"空数据库文件中。要求只导出表结构定义，导出的表命名为"职工表 bk"。

（6）建立当前数据库表对象"职工表"和"部门表"的表间关系，并设置实施参照完整性。

【实训 9-13】

涉及的知识点

设置主键、默认值、字段属性，删除字段、记录，设置验证规则、验证短文本、格式属性、输入掩码及隐藏字段。

操作要求

在"实训 9-13"文件夹下"samp1.accdb"数据库文件中已建立表对象"tNorm"。试按以下操作要求完成表的编辑：

（1）根据"tNorm"表的结构，判断并设置主键。

（2）将"单位"字段的默认值属性设置为"只"、字段大小设置为1；将"最高储备"字段设置为长整型，"最低储备"字段设置为整型；删除"长文本"字段；删除"规格"字段值为"220V-4W"的记录。

（3）设置"tNorm"表的"验证规则"和"验证短文本"属性，"验证规则"属性设置为"最低储备"字段的值必须小于"最高储备"字段的值，"验证短文本"属性设置为"请输入有效数据"。

（4）将"出厂价"字段的格式属性设置为货币。

（5）设置"规格"字段的输入掩码属性为9位字母、数字和字符的组合。其中，前3位只能是数字，第4位为大写字母"V"，第5位为字符"-"，最后一位为大写字母"W"，其他位均为数字。

（6）在数据表视图中隐藏"出厂价"字段。

【实训 9-14】

涉及的知识点

设置表属性，修改、删除记录，导入表，设置输入掩码及表间关系。

操作要求

在"实训 9-14"文件夹下"samp1.accdb"数据库文件中已建立两个表对象（名为"员工表"和"部门表"）。试按以下要求完成表的各种操作：

（1）分析两个表对象"员工表"和"部门表"的构成，判断其各自的外部属性，将其属性名称作设置为"员工表"的对象说明内容。

（2）将"员工表"中有摄影爱好的员工的"长文本"字段的值设为 True（即选中复选框）。

（3）删除"员工表"中年龄超过 55（不含）岁的员工记录。

（4）将"实训9-14"文件夹下短文本文件"Test.txt"中的数据导入到当前数据库的"员工表"的相应字段中。

（5）设置相关属性，使表对象"员工表"中"密码"字段只能输入 5 位 0 ~ 9 的数字。

（6）建立"员工表"和"部门表"的表间关系，并设置实施参照完整性。

【实训 9–15】

涉及的知识点

设置行高、验证规则、验证短文本、添加字段、冻结列、导出表及创建表间关系。

操作要求

在"实训 9–15"文件夹下"samp1.accdb"数据库文件中已建立两个表对象（名为"员工表"和"部门表"）。试按以下要求顺序完成表的各种操作：

（1）将"员工表"的行高设为 15。

（2）将"员工表"的"年龄"字段的"验证规则"属性设置为大于 17 且小于 65（不含 17 和 65）；"验证短文本"属性设置为"请输入有效年龄"。

（3）在表对象"员工表"的"年龄"和"职务"两字段之间新增一个字段，字段名称为"密码"，数据类型为短文本，字段大小为 6，同时要求输入掩码属性以星号方式显示。

（4）冻结员工表中的"姓名"字段。

（5）将表对象"员工表"中的数据导出到"实训 9–15"文件夹下，以短文本文件形式保存，命名为"Test.txt"。要求第 1 行包含字段名称，各数据项间以分号分隔。

（6）建立表对象"员工表"和"部门表"的表间关系，并设置实施参照完整性。

【实训 9–16】

涉及的知识点

创建查阅向导、表间关系，筛选、查找及替换操作。

操作要求

在"实训 9–16"文件夹下"samp1.accdb"数据库文件中已建立两个表对象（名为"员工表"和"部门表"）。试按以下要求完成表及窗体的各种操作：

（1）设置"员工表"的"职务"字段的输入方式为"经理"、"主管"或"职员"。

（2）分析员工的聘用时间，截至 2013 年，将聘用期在 1 年（含）以内的员工的"说明"字段的值设置为"新职工"。

要求：以 2013 年为截止期判断员工的聘用期，不考虑月日因素。比如，聘用时间在 2012 年的员工，其聘用期为 1 年。

（3）将"员工表"的"姓名"字段中的所有"小"字改为"晓"。

（4）建立"员工表"和"部门表"的表间关系，并设置实施参照完整性。

【实训 9-17】

涉及的知识点

设置主键、输入掩码、默认值，创建查阅列表，删除字段，设置验证规则、验证短文本，取消隐藏列，设置数据表格式及表间关系。

操作要求

在"实训9-17"文件夹下，存在一个数据库文件"samp1.accdb"，且已建立了表对象"tDoctor"、"tOffice"、"tPatient"和"tSubscribe"。试按以下操作要求完成各种操作：

（1）分析"tSubscribe"表的字段构成，判断并设置其主键。

（2）设置"tSubscribe"表中"医生 ID"字段的相关属性，使其接受的数据只能为第 1 个字符为"A"，第 2 个字符开始的 3 位只能是 0 ~ 9 之间的数字；并将该字段设置为必需字段；设置"科室 ID"字段的字段大小，使其与"tOffice"表中相关字段的字段大小一致。

（3）设置"tDoctor"表中"性别"字段的默认值属性为"男"；并为该字段创建查阅列表，列表中显示"男"和"女"两个值。

（4）删除"tDoctor"表中的"专长"字段，并设置"年龄"字段的"验证规则"和"验证短文本"属性。将"验证规则"属性设置为输入年龄必须在 18 ~ 60 岁（含 18 岁和 60 岁）之间，"验证短文本"属性设置为"年龄应在 18 岁到 60 岁之间"；取消对"年龄"字段值的隐藏。

（5）设置"tDoctor"表的单元格效果为"凹陷"，背景色为"蓝色"，网格线颜色为"白色"。

（6）通过相关字段建立"tDoctor"、"tOffice"、"tPatient"和"tSubscribe"四个表之间的关系，并设置实施参照完整性。

【实训 9-18】

涉及的知识点

设置表属性，输入 OLE 对象（插入图片）、删除记录、导入表、设置输入掩码及表间关系。

操作要求

在"实训 9-18"文件夹下"samp1.accdb"数据库文件中已建立两个表对象（名为"员工表"和"部门表"）。试按以下要求完成表的各种操作：

（1）分析两个表对象"员工表"和"部门表"的构成，判断其各自的外部关键字，并将外部关键字的字段名称存入所属表的属性说明中。

（2）将表对象"员工表"中编号为"000006"的员工照片设置为"实训 9-18"文件夹下的"photo.

bmp"图像文件（要求使用"由文件创建"方式）。

（3）删除"员工表"中姓名最后一个字为"红"的员工记录。

（4）将"实训 9–18"文件夹下 Excel 文件"Test.xlsx"中的数据导入到当前数据库的"员工表"的相应字段中。

（5）设置相关属性，使表对象"员工表"中"密码"字段的内容不变但以星号形式显示。

（6）建立表对象"员工表"和"部门表"的表间关系，并设置实施参照完整性。

【实训 9–19】

涉及的知识点

设置主键、标题属性、验证规则，删除字段，设置默认值，创建查阅列表、修改字段类型、设置输入掩码和表间关系。

操作要求

在"实训 9–19"文件夹下有一个数据库文件"samp1.accdb"。在数据库文件中已经建立了 5 个表对象"tOrder"、"tDetail"、"tEmployee"、"tCustom"和"tBook"。试按以下操作要求完成各种操作：

（1）分析"tOrder"表对象的字段构成，判断并设置其主键。

（2）设置"tDetail"表中"订单明细 ID"字段和"数量"字段的相应属性，使"订单明细 ID"字段在数据表视图中的显示标题为"订单明细编号"，将"数量"字段取值设为大于 0。

（3）删除"tBook"表中的"长文本"字段，并将"类别"字段的"默认值"属性设置为"计算机"。

（4）为"tEmployee"表中"性别"字段创建查阅列表，列表中显示"男"和"女"两个值。

（5）将"tCustom"表中"邮政编码"和"电话号码"两个字段的数据类型改为"短文本"，将"邮政编码"字段的"输入掩码"属性设置为"邮政编码"，将"电话号码"字段的输入掩码属性设置为"010-*********"，其中，"*"为数字位，且只能是 0 ~ 9 之间的数字。

（6）建立 5 个表之间的关系。

【实训 9–20】

涉及的知识点

设置验证规则、验证短文本、删除记录，隐藏列，设置表间关系。

操作要求

在"实训 9–20"文件夹下"samp1.accdb"数据库文件中已建立两个表对象（名为"员工表"

和"部门表"）。试按以下要求完成表的各种操作：

（1）设置表对象"员工表"的"聘用时间"字段的"验证规则"属性为"1954 年（含）以后的日期"；同时设置相应"验证短文本"属性为"请输入有效日期"。

（2）将表对象"员工表"中编号为"000008"的员工的"照片"字段值替换为"实训 9-20"文件夹下的图像文件"000008.bmp"。

（3）删除员工表中"姓名"字段含有"红"字的员工记录。

（4）隐藏表对象"员工表"的"所属部门"字段。

（5）删除表对象"员工表"和"部门表"之间已建立的错误的表间关系，并重新建立正确关系。

第10章
查　询

　　查询是数据库设计目的的体现，数据库建完以后，数据只有被使用者查询，才能真正体现它的价值。查询包括选择查询、参数查询、交叉表查询、操作查询（生成表查询、更新查询、追加查询和删除查询）和 SQL 查询。

主要知识点

知识点 1　选择查询
（1）单表查询。
（2）多表查询。
（3）带条件的单表查询。
（4）带条件的多表查询。

知识点 2　条件的写法
（1）文本数据类型条件的写法：用双引号引上，比如 " 男 "、" 汉族 " 等；通配符 *、?、# 的使用；Left() 函数；Right() 函数；Mid() 函数；Len() 函数；Instr() 函数。
（2）数字数据类型条件的写法：直接写，比如 >=19，>=30 And <=50，Between 30 And 50。
（3）日期 / 时间数据类型条件的写法：用两个"#"号括上，比如 #2014-3-1#；Year() 函数；Month() 函数；Day() 函数。
（4）是 / 否数据类型条件的写法：真值为 True，假值为 False。
（5）逻辑运算符的使用：Not、And 和 Or。
（6）Null 的使用：Is Null、Is Not Null。

知识点 3　联接属性的设置
知识点 4　参数查询
知识点 5　在查询中进行计算
（1）分组统计。
（2）添加计算字段。
知识点 6　交叉表查询

（1）行标题。

（2）列标题。

（3）值。

知识点 7　操作查询

（1）生成表查询。

（2）更新查询。

（3）追加查询。

（4）删除查询。

知识点 8　SQL 查询

【实训 10-1】

涉及的知识点

选择查询、SQL 查询、交叉表查询及追加查询。

操作要求

在"实训 10-1"文件夹下有一个数据库文件"samp2.accdb"，该数据库文件已经建立了 3 个关联表对象"tStud"、"tCourse"、"tScore"和一个空表"tTemp"。试按以下要求完成设计：

（1）创建一个查询，查找并显示有书法或绘画爱好学生的"学号"、"姓名"、"性别"和"年龄"4 个字段的内容，所建查询命名为"qT1"。

（2）创建一个查询，查找成绩低于所有课程总平均分的学生信息，并显示"姓名"、"课程名"和"成绩"3 个字段的内容，所建查询命名为"qT2"。

（3）以表对象"tScore"和"tCourse"为基础，创建一个交叉表查询。要求：选择学生的"学号"为行标题、"课程号"为列标题来统计输出学分小于 3 分的学生平均成绩，所建查询命名为"qT3"。

> 说明：交叉表查询不做各行小计。

（4）创建追加查询，将表对象"tStud"中"学号"、"姓名"、"性别"和"年龄"4 个字段的内容追加到目标表"tTemp"的对应字段内，所建的查询命名为"qT4"，并运行一次（规定："姓名"字段的第 1 个字符为姓，剩余字符为名。将姓名分解为姓和名两部分，分别追加到目标表的"姓"和"名"2 个字段中）。

【实训 10-2】

涉及的知识点

选择查询、选择查询、总计查询及追加查询。

操作要求

在"实训 10-2"文件夹下有一个数据库文件"samp2.accdb",该数据库文件已经建立了 3 个关联表"tStud"、"tCourse"、"tScore"和一个空表"tTemp"。试按以下要求完成查询设计:

（1）创建一个选择查询,查找并显示简历信息为空的学生的"学号"、"姓名"、"性别"和"年龄" 4 个字段的内容,所建查询命名为"qT1"。

（2）创建一个选择查询,查找选课学生的"姓名"、"课程名"和"成绩" 3 个字段的内容,所建查询命名为"qT2"。

（3）创建一个选择查询,按系别统计各自男女学生的平均年龄,显示字段标题为"所属院系"、"性别"和"平均年龄",所建查询命名为"qT3"。

（4）创建一个操作查询,将表对象"tStud"中没有书法爱好的学生的"学号"、"姓名"和"年龄" 3 个字段的内容追加到目标表"tTemp"的对应字段内,所建查询命名为"qT4",并运行一次。

【实训 10-3】

涉及的知识点

添加计算字段、选择查询、参数查询及总计查询。

操作要求

在"实训 10-3"文件夹下有一个数据库文件"samp2.accdb",该数据库文件已经建立了一个表对象"tBook",试按以下要求完成设计:

（1）创建一个查询,查找图书按"类别"字段分类的最高单价信息并输出,显示标题为"类别"和"最高单价",所建查询命名为"qT1"。

（2）创建一个查询,查找并显示图书单价大于等于 15 且小于等于 20 的图书,并显示"书名"、"单价"、"作者名"和"出版社名称" 4 个字段的内容,所建查询命名为"qT2"。

（3）创建一个查询,按"出版社名称"查找某出版社的图书信息,并显示图书的"书名"、"类别"、"作者名"和"出版社名称" 4 个字段的内容。当运行该查询时,应显示参数提示信息"请输入出版社名称:",所建查询命名为"qT3"。

（4）创建一个查询,按"类别"字段分组查找,计算每类图书数量在 5 种（含）以上的图书的平均单价,显示为"类别"和"平均单价" 2 个字段的信息,所建查询命名为"qT4"。规定统计每类图书数量必须用"图书编号"字段计数。

【实训 10-4】

涉及的知识点

选择查询、总计查询、参数查询及生成表查询。

操作要求

在"实训 10-4"文件夹下有一个数据库文件"samp2.accdb"，该数据库文件已经建立了表对象"tCourse"、"tGrade"和"tStudent"，试按以下要求完成设计：

（1）创建一个查询，查找并显示"姓名"、"政治面貌"和"毕业学校"3 个字段的内容，所建查询名为"qT1"。

（2）创建一个查询，计算每名学生的平均成绩，并按平均成绩降序依次显示"姓名"和"平均成绩"两列内容，其中"平均成绩"数据由统计计算得到，所建查询名为"qT2"。假设所用表中无重名。

（3）创建一个查询，按输入的班级编号查找并显示"班级编号"、"姓名"、"课程名"和"成绩"的内容。其中"班级编号"的数据由计算得到，其值为"tStudent"表中"学号"字段的前 6 位，所建查询名为"qT3"。当运行该查询时，应显示提示信息"请输入班级编号："。

（4）创建一个查询，运行该查询后生成一个新表，表名为"90 分以上"，表结构包括"姓名"、"课程名"和"成绩"3 个字段，表内容为 90 分（含）以上的所有学生记录，所建查询名为"qT4"。要求创建此查询后，运行该查询，并查看运行结果。

【实训 10-5】

涉及的知识点

总计查询、选择查询、联接属性设置及追加查询。

操作要求

在"实训 10-5"文件夹下有一个数据库文件"samp2.accdb"，该数据库文件已经建立了 3 个关联表对象"tStud"、"tCourse"、"tScore"和一个空表"tTemp"。试按以下要求完成设计：

（1）创建一个查询，统计人数在 5 人（不含）以上的院系人数，字段显示标题为"院系号"和"人数"，所建查询命名为"qT1"。要求按照学号来统计人数。

（2）创建一个查询，查找非"04"院系的选课学生信息，输出其"姓名"、"课程名"和"成绩"3 个字段的内容，所建查询命名为"qT2"。

（3）创建一个查询，查找还没有选课的学生的姓名，所建查询命名为"qT3"。

（4）创建追加查询，将前 5 条记录的学生信息追加到表"tTemp"对应的字段中，所建查询命名为"qT4"。

【实训 10-6】

涉及的知识点

选择查询、更新查询及查询条件的使用。

操作要求

在"实训 10-6"文件夹下有一个数据库文件"samp2.accdb"，该数据库文件已经建立了表对象"tStud"、"tCourse"、"tScore"和"tTemp"。试按以下要求完成设计：

（1）创建一个查询，查找没有先修课程的课程，显示与该课程有关的学生的"姓名"、"性别"、"课程号"和"成绩"4 个字段的内容，所建查询命名为"qT1"。

（2）创建一个查询，查找"先修课程"中含有"101"或"102"信息的课程，并显示其"课程号"、"课程名"及"学分"3 个字段内容，所建查询命名为"qT2"。

（3）创建一个查询，查找并显示姓名为 2 个字符的学生的"学号"、"姓名"、"性别"和"年龄"4 个字段的内容，所建查询命名为"qT3"。

（4）创建一个查询，将"tTemp"表中"学分"字段的记录值都上调 10%，所建查询命名为"qT4"。

【实训 10-7】

涉及的知识点

参数查询、总计查询、联接属性设置及追加查询。

操作要求

在"实训 10-7"文件夹下存在一个数据库文件"samp2.accdb"，该数据库文件已经建立了表对象"tStud"、"tCourse"、"tScore"和"tTemp"。试按以下要求完成设计：

（1）创建一个查询，当运行该查询时，应显示参数提示信息"请输入爱好"，输入爱好后，在"简历"字段中查找具有指定爱好的学生，显示"学号"、"姓名"、"性别"、"年龄"和"简历"5 个字段的内容，所建查询命名为"qT1"。

（2）创建一个查询，查找学生的成绩信息，并显示为"学号"、"姓名"和"平均成绩"3 列内容，其中"平均成绩"一列数据由计算得到，所建查询命名为"qT2"。

（3）创建一个查询，查找没有任何选课信息的学生，并显示其"学号"和"姓名"2 个字段的内容，所建查询命名为"qT3"。

（4）创建一个查询，将表"tStud"中男学生的信息追加到"tTemp"表对应的"学号"、"姓名"、"年龄"、"所属院系"和"性别"字段中，所建查询命名为"qT4"。

【实训 10-8】

涉及的知识点

总计查询、选择查询及更新查询。

操作要求

在"实训 10-8"文件夹下有在一个数据库文件"samp2.accdb"，该数据库文件已经建立了表对象"tStud"、"tCourse"、"tScore"和"tTemp"。试按以下要求完成设计：

（1）创建一个查询，查找并输出姓名是 3 个字的男、女学生各自的人数，字段的显示标题为"性别"和"NUM"，所建查询命名为"qT1"。要求按照学号来统计人数。

（2）创建一个查询，查找"02"院系的选课学生信息，输出其"姓名"、"课程名"和"成绩" 3 个字段内容，所建查询命名为"qT2"。

（3）创建一个查询，查找并显示姓名中含有"红"字学生的"学号"、"姓名"、"性别"和"年龄" 4 个字段的内容，所建查询命名为"qT3"。

（4）创建一个查询，将"tTemp"表中"学分"字段的记录值都更新为 0，所建查询命名为"qT4"。

【实训 10-9】

涉及的知识点

选择查询、查询条件的写法、总计查询及追加查询。

操作要求

在"实训 10-9"文件夹下有一个数据库文件"samp2.accdb"，该数据库文件已经建立了 4 个表对象"tStud"、"tCourse"、"tScore"及"tTemp"。试按以下要求完成设计：

（1）创建一个查询，查找并显示学生的"姓名"、"课程名"和"成绩" 3 个字段的内容，所建查询命名为"qT1"。

（2）创建一个查询，查找并显示有摄影爱好的学生的"学号"、"姓名"、"性别"、"年龄"和"入校时间" 5 个字段的内容，所建查询命名为"qT2"。

（3）创建一个查询，查找学生的成绩信息，并显示"学号"和"平均成绩"两列内容。其中"平均成绩"一列数据由统计计算得到，所建查询命名为"qT3"。

（4）创建一个查询，将"tStud"表中女学生的信息追加到"tTemp"表对应的字段中，所建查询命名为"qT4"。

【实训 10-10】

涉及的知识点

选择查询、总计查询及更新查询。

操作要求

在"实训 10-10"文件夹下有一个数据库文件"samp2.accdb"，该数据库文件已经建立了 3 个关联表对象"tStud"、"tCourse"和"tScore"及一个临时表对象"tTmp"。试按以下要求完成设计：

（1）创建一个查询，查找并显示照片信息为空的男同学的"学号"、"姓名"、"性别"和"年龄"4 个字段的内容，所建查询命名为"qT1"。

（2）创建一个查询，查找并显示选课学生的"姓名"和"课程名"2 个字段的内容，所建查询命名为"qT2"。

（3）创建一个查询，计算选课学生的平均分数，显示为"学号"和"平均分"2 列信息，要求按照平均分降序排列，所建查询命名为"qT3"。

（4）创建一个查询，将临时表"tTmp"中女员工编号的第 1 个字符更改为 1，所建查询命名为"qT4"。

【实训 10-11】

涉及的知识点

选择查询，参数查询，交叉表查询及总计查询。

操作要求

在"实训 10-11"文件夹下有一个数据库文件"samp2.accdb"，该数据库文件已经建立了 2 个表对象住宿登记表"tA"和住房信息表"tB"。试按以下要求完成设计：

（1）创建一个查询，查找并显示客人的"姓名"、"入住日期"和"价格"3 个字段的内容，所建查询命名为"qT1"。

（2）创建一个参数查询，显示客人的"姓名"、"房间号"和"入住日期"3 个字段信息。将"姓名"字段作为参数，设定提示文本为"请输入姓名"，所建查询命名为"qT2"。

（3）以表对象"tB"为基础，创建一个交叉表查询。要求：选择"楼号"为行标题，列名称显示为"楼号"，将"房间类别"作为列标题来统计输出每座楼房的各类房间的平均房价信息，所建查询命名为"qT3"。注：房间号的前 2 位为楼号。交叉表查询不做各行小计。

（4）创建一个查询，统计各种类别房屋的数量（房间号作为统计字段）。所建查询显示两列内容，列名称分别为"type"和"num"，所建查询命名为"qT4"。

【实训 10-12】

涉及的知识点

选择查询，总计查询，交叉表查询及追加查询。

操作要求

在"实训 10-12"文件夹下有一个数据库文件"samp2.accdb"，该数据库文件已经建立了 3 个关联表对象"tCourse"、"tGrade"、"tStudent"和一个空表"tTemp"，试按以下要求完成设计：

（1）创建一个查询，查找并显示含有不及格成绩的学生的"姓名"、"课程名"和"成绩"3个字段的内容，所建查询名为"qT1"。

（2）创建一个查询，计算每名学生的平均成绩，并按平均成绩降序依次显示"姓名"、"政治面貌"、"毕业学校"和"平均成绩"4 个字段的内容，所建查询名为"qT2"。假设所用表中无重名。

（3）创建一个查询，统计每班每门课程的平均成绩，显示结果如图 10-1 所示，所建查询名为"qT3"。

（4）创建一个查询，将男学生的"班级"、"学号"、"性别"、"课程名"和"成绩"信息追加到"tTemp"表的对应字段中，所建查询名为"qT4"。

图 10-1　qT3 查询结果

【实训 10-13】

涉及的知识点

选择查询、更新查询、交叉表查询及追加查询。

操 作 要 求

在"实训 10-13"文件夹下存在一个数据库文件"samp2.accdb",该数据库文件已经建立了 3 个关联表对象"tStud"、"tScore"、"tCourse"和一个空表"tTemp",试按以下要求完成设计:

（1）创建一个查询,查找并显示年龄在 18 ~ 20 岁（包括 18 和 20 岁）之间的学生的"姓名"、"性别"、"年龄"和"入校时间"字段的内容,所建查询命名为"qT1"。

（2）创建一个查询,将所有学生设置为非党员,所建查询名为"qT2"。

（3）创建一个交叉表查询,要求能够显示各门课程男、女生不及格人数,结果如图 10-2 所示,所建查询名为"qT3"。要求:直接用查询设计视图建立交叉表查询,不允许用其他查询做数据源。交叉表查询不做各行小计。

图 10-2 交叉表查询结果

（4）创建一个查询,将有不及格成绩的学生的"姓名"、"性别"、"课程名"和"成绩"信息追加到"tTemp"表的对应字段中,并确保"tTemp"表中男生记录在前、女生记录在后,所建查询名为"qT4"。要求创建此查询后,运行该查询,并查看运行结果。

【实训 10-14】

涉 及 的 知 识 点

添加计算字段,选择查询、参数查询及交叉表查询。

操 作 要 求

在"实训 10-14"文件夹下有一个数据库文件"samp2.accdb",该数据库文件已经建立了 2 个表对象"tNorm"和"tStock"。试按以下要求完成设计:

（1）创建一个查询,计算产品最高储备与最低储备的差并输出,标题显示为"m_data",所建查询命名为"qT1"。

（2）创建一个查询,查找库存数量超过 10 000（不含）的产品,并显示"产品名称"和"库存数量",所建查询名为"qT2"。

（3）创建一个查询,按输入的产品代码查找某产品库存信息,并显示"产品代码"、"产品名称"和"库存数量"。当运行该查询时,应显示提示信息 "请输入产品代码:",所建查询名为"qT3"。

（4）创建一个交叉表查询,统计并显示每种产品不同规格的平均单价,显示时行标题为产品名称,列标题为规格,计算字段为单价,所建查询名为"qT4"。交叉表查询不做各行小计。

【实训 10-15】

涉及的知识点

选择查询、参数查询及更新查询。

操 作 要 求

在"实训 10-15"文件夹下有一个数据库文件"samp2.accdb"，该数据库文件已经建立了 3 个表对象"tEmp"、"tGrp"和"tBmp"。试按以下要求完成设计：

（1）以表对象"tEmp"为数据源，创建一个查询，查找并显示姓王职工的"编号"、"姓名"、"性别"、"年龄"和"职务"5 个字段内容，所建查询命名为"qT1"。

（2）创建一个查询，查找并显示职务为"主管"和"经理"的职工的"编号"、"姓名"、"所属部门"和"名称"4 个字段的内容，所建查询命名为"qT2"。

（3）创建一个查询，按输入的职工职务，查找并显示职工的"编号"、"姓名"、"职务"和"聘用时间"4 个字段的内容，当运行该查询时，应显示参数提示信息"请输入职工的职务"，所建查询命名为"qT3"。

（4）创建一个查询，将表"tBmp"中"年龄"字段值加 1，所建查询命名为"qT4"。

【实训 10-16】

涉及的知识点

选择查询，添加计算字段，参数查询及追加查询。

操 作 要 求

在"实训 10-16"文件夹下有一个数据库文件"samp2.accdb"，该数据库文件已经建立了 2 个表对象"tTeacher1"和"tTeacher2"。试按以下要求完成设计：

（1）创建一个查询，查找并显示在职教师的"编号"、"姓名"、"年龄"和"性别"4 个字段的内容，所建查询命名为"qT1"。

（2）创建一个查询，查找教师的"编号"、"姓名"和"联系电话"3 个字段的内容，然后将其中的"编号"与"姓名"2 个字段合并，查询的 3 个字段的内容以 2 列的形式显示，标题分别为"编号姓名"和"联系电话"，所建查询命名为"qT2"。

（3）创建一个查询，按输入的年龄查找并显示教师的"编号"、"姓名"、"年龄"和"性别"4 个字段的内容，当运行该查询时，应显示参数提示信息"请输入教工年龄"，所建查询命名为"qT3"。

（4）创建一个查询，将"tTeacher1"表中的党员教授的记录追加到"tTeacher2"表相应的字段中，所建查询命名为"qT4"，要求创建此查询后，运行该查询，并查看运行结果。

【实训 10-17】

涉及的知识点

选择查询，添加计算字段，SQL 查询及更新查询。

操作要求

在"实训 10-17"文件夹下有一个数据库文件"samp2.accdb"，该数据库文件已经建立了表对象"tQuota"和"tStock"，试按以下要求完成设计：

（1）创建一个查询，在"tStock"表中查找"产品 ID"第 1 个字符为"2"的产品，并显示"产品名称"、"库存数量"、"最高储备"和"最低储备"字段的内容，所建查询命名为"qT1"。

（2）创建一个查询，计算每类产品的库存金额，并显示"产品名称"和"库存金额"2 列数据，要求："库存金额"只显示整数部分，所建查询命名为"qT2"。（说明：库存金额 = 单价 × 库存数量）

（3）创建一个查询，查找单价低于平均单价的产品，并按"产品名称"升序和"单价"降序显示"产品名称"、"规格"、"单价"和"库存数量"4 个字段的内容，所建查询命名为"qT3"。

（4）创建一个查询，运行该查询后可将"tStock"表中所有记录的"单位"字段值设为"只"，所建查询命名为"qT4"。要求创建此查询后，运行该查询，并查看运行结果。

【实训 10-18】

涉及的知识点

选择查询、参数查询及总计查询。

操作要求

在"实训 10-18"文件夹下有一个数据库文件"samp2.accdb"，该数据库文件已经建立了表对象"tTeacher"、"tCourse"、"tStud"和"tGrade"，试按以下要求完成设计：

（1）创建一个查询，查找并显示"教师姓名"、"职称"、"学院"、"课程 ID"、"课程名称"和"上课日期"6 个字段的内容，所建查询命名为"qT1"。

（2）创建一个查询，根据教师姓名查找某教师的授课情况，并按"上课日期"字段降序显示"教师姓名"、"课程名称"、"上课日期"3 个字段的内容，所建查询命名为"qT2"。当运行该查询时，应显示参数提示信息"请输入教师姓名"。

（3）创建一个查询，查找学生的课程成绩大于等于 80 且小于等于 100 的学生情况，显示"学生姓名"、"课程名称"和"成绩"3 个字段的内容，所建查询命名为"qT3"。

（4）创建一个查询，假设"学生 ID"字段的前四位代表年级，要统计各个年级不同课程的平均成绩，显示"年级"、"课程 ID"和"平均成绩"3 个字段的内容，并按"年级"降序排列，所建查询命名为"qT4"。

【实训 10-19】

涉及的知识点

选择查询，设置联接属性，参数查询及删除查询。

操作要求

在"实训 10-19"文件夹下有一个数据库文件"samp2.accdb"，该数据库文件已经建立了 3 个关联表对象"tStud"、"tCourse"、"tScore"和一个临时表"tTemp"。试按以下要求完成设计：

（1）创建一个查询，查找并显示没有运动爱好学生的"学号"、"姓名"、"性别"和"年龄"4 个字段的内容，所建查询命名为"qT1"。

（2）创建一个查询，查找并显示所有学生的"姓名"、"课程号"和"成绩"3 个字段的内容，所建查询命名为"qT2"。（注：这里涉及的所有选课和未选课学生的信息，要考虑选择合适的查询联接属性）

（3）创建一个参数查询，查找并显示学生的"学号"、"姓名"、"性别"和"年龄"4 个字段的内容。其中"性别"字段设置为参数，运行时提示信息"请输入性别："，所建查询命名为"qT3"。

（4）创建一个查询，删除临时表对象"tTemp"中年龄为奇数的记录，所建查询命名为"qT4"。

【实训 10-20】

涉及的知识点

总计查询、选择查询及更新查询。

操作要求

在"实训 10-20"文件夹下有一个数据库文件"samp2.accdb"，该数据库文件已经建立了 3 个表对象"tStud"、"tCourse"和"tScore"。试按以下要求完成设计：

（1）创建一个查询，查找并显示有摄影爱好的男女学生各自人数，字段的显示标题为"性别"和"NUM"，所建查询命名为"qT1"。要求用"学号"字段来统计人数。

（2）创建一个查询，查找选课学生的"姓名"和"课程名"2 个字段的内容，所建查询命名为"qT2"。

（3）创建一个查询，查找没有"先修课程"的课程相关信息，输出其"课程号"、"课程名"和"学分"3 个字段的内容，所建查询命名为"qT3"。

（4）创建更新查询，将表对象"tStud"中低于平均年龄（不含平均年龄）的学生的"备注"字段值设置为 True，所建查询命名为"qT4"。

【实训 10-21】

涉及的知识点

总计查询、选择查询、参数查询及更新查询。

操作要求

在"实训 10-21"文件夹下有一个数据库文件"samp2.accdb"，该数据库文件已经建立了表对象"tCollect"、"tpress"和"tType"，试按以下要求完成设计：

（1）创建一个查询，查找收藏品中 CD 最高价格和最低价格的信息并输出，标题显示为"v_Max"和"v_Min"，所建查询命名为"qT1"。

（2）创建一个查询，查找并显示"价格"大于 100 元并且"购买日期"在 2001 年（含）以后的"CDID"、"主题名称"、"价格"、"购买日期"和"介绍"5 个字段的内容，所建查询命名为"qT2"。

（3）创建一个查询，通过输入 CD 类型名称，查询并显示"CDID"、"主题名称"、"价格"、"购买日期"和"介绍"5 个字段的内容，当运行该查询时，应显示参数提示信息"请输入 CD 类型名称："，所建查询命名为"qT3"。

（4）创建一个查询，对"tType"表进行调整，将"类型 ID"等于"05"的记录中的"类型介绍"字段更改为"古典音乐"，所建查询命名为"qT4"。

【实训 10-22】

涉及的知识点

选择查询，添加计算字段，删除查询。

操作要求

在"实训 10-22"文件夹下有一个数据库文件"samp2.accdb"，该数据库文件已经建立了 3 个表对象"tBand"、"tBandOld"和"tLine"。试按以下要求完成设计：

（1）创建一个查询，查找并显示"团队 ID"、"导游姓名"、"线路名"、"天数"和"费用"5 个字段的内容，所建查询命名为"qT1"。

（2）创建一个查询，查找并显示旅游天数在 5 ~ 10 天（包括 5 天和 10 天）之间的"线路名"、"天数"和"费用"，所建查询命名为"qT2"。

（3）创建一个查询，能够显示"tLine"表的所有字段的内容，并添加一个计算字段"优惠后价格"，计算公式为"优惠后价格 = 费用 *（1-10%）"，所建查询命名为"qT3"。

（4）创建一个查询，删除"tBandOld"表中出发时间在 2014 年（不含）以前的团队记录，所建查询命名为"qT4"。

【实训 10-23】

涉及的知识点

选择查询、参数查询，添加计算字段及 SQL 查询。

操 作 要 求

在"实训 10-23"文件夹下有一个数据库文件"samp2.accdb"，该数据库文件已经建立了表对象"tOrder"、"tDetail"、"tEmployee"和"tBook"，试按以下要求完成设计：

（1）创建一个查询，查找清华大学出版社出版的图书中定价大于等于 20 且小于等于 30 的图书，并按定价从大到小顺序显示"书籍名称"、"作者名"和"出版社名称"3 个字段的内容，所建查询命名为"qT1"。

（2）创建一个查询，查找某月出生雇员的售书信息，并显示"姓名"、"书籍名称"、"订购日期"、"数量"和"单价"5 个字段的内容。当运行该查询时，提示框中应显示"请输入月份："，所建查询命名为"qT2"。

（3）创建一个查询，计算每名雇员的奖金，显示标题为"雇员号"和"奖金"。所建查询命名为"qT3"。（注：奖金 = 每名雇员的销售金额（单价 * 数量）合计数 × 5%）

（4）创建一个查询，查找单价低于定价的图书，并显示"书籍名称"、"类别"、"作者名"、"出版社名称"4 个字段的内容，所建查询命名为"qT4"。

【实训 10-24】

涉及的知识点

总计查询、选择查询、参数查询及修改查询。

操 作 要 求

在"实训 10-24"文件夹下有一个数据库文件"samp2.accdb"，该数据库文件已经建立了一个表对象"tStud"和一个查询对象"qStud4"。试按以下要求完成设计：

（1）创建一个查询，计算并输出学生的最大年龄和最小年龄的信息，标题显示为"MaxY"和"MinY"，所建查询命名为"qStud1"。

（2）创建一个查询，查找并显示年龄小于等于 25 岁的学生的"编号"、"姓名"和"年龄"

字段的内容，所建查询命名为"qStud2"。

（3）创建一个查询，按照入校日期查找学生的报到情况，并显示学生的"编号"、"姓名"和"团员否"3 个字段的内容。当运行该查询时，显示参数提示信息为"请输入入校日期："，所建查询命名为"qStud3"。

（4）更改"qStud4"查询对象，将其中的"年龄"字段按升序排列。不允许修改"qStud4"查询对象中其他字段的设置。

【实训 10-25】

涉及的知识点

选择查询、总计查询、SQL 查询及追加查询。

操作要求

在"实训 10-25"文件夹下有一个数据库文件"samp2.accdb"，该数库文件已经建立了 3 个关联表对象"tCourse"、"tGrade"、"tStudent"和一个空表"tSinfo"，试按以下要求完成设计：

（1）创建一个查询，查找并显示"姓名"、"政治面貌"、"课程名"和"成绩"4 个字段的内容，所建查询命名为"qT1"。

（2）创建一个查询，计算每名选课学生所选课程的学分总和，并依次显示"姓名"和"学分"字段的内容，其中"学分"为计算出的学分总和，所建查询命名为"qT2"。

（3）创建一个查询，查找年龄小于平均年龄的学生，并显示其"姓名"，所建查询名为"qT3"。

（4）创建一个查询，将所有学生的"班级编号"、"学号"、"课程名"和"成绩"4 个字段的内容填入"tSinfo"表的相应字段中，其中"班级编号"字段的内容是"tStudent"表中"学号"字段的前六位，所建查询命名为"qT4"。

【实训 10-26】

涉及的知识点

选择查询、总计查询，添加计算字段及更新查询。

操作要求

在"实训 10-26"文件夹下有一个数据库文件"samp2.accdb"，该数据库文件已经建立了表对象"tStaff"、"tSalary"和"tTemp"。试按以下要求完成设计：

（1）创建一个查询，查找并显示职务为经理的员工的"工号"、"姓名"、"年龄"和"性别"4 个字段的内容，所建查询命名为"qT1"。

（2）创建一个查询，查找各位员工在 2013 年的工资信息，并显示"工号"、"工资合计"

和"水电房租费合计"3 列内容。其中，"工资合计"和"水电房租费合计"2 列数据均由统计计算得到，所建查询命名为"qT2"。

（3）创建一个查询，查找并显示员工的"姓名"、"工资"、"水电房租费"及"应发工资"4 列内容。其中"应发工资"列数据由计算得到，计算公式为应发工资 = 工资 - 水电房租费，所建查询命名为"qT3"。

（4）创建一个查询，将表"tTemp"中"年龄"字段值均加 1，所建查询命名为"qT4"。

【实训 10-27】

 涉及的知识点

选择查询、参数查询、更新查询及删除查询。

操作要求

在"实训 10-27"文件夹下有一个数据库文件"samp2.accdb"，该数据库文件已经建立了 2 个关联表对象"tEmp"和"tGrp"及表对象"tBmp"和"tTmp"。试按以下要求完成设计：

（1）以表对象"tEmp"为数据源，创建一个查询，查找并显示年龄大于等于 40 的男职工的"编号"、"姓名"、"性别"、"年龄"和"职务"5 个字段内容，所建查询命名为"qT1"。

（2）以表对象"tEmp"和"tGrp"为数据源，创建一个查询，按照部门名称查找职工信息，显示职工的"编号"、"姓名"及"聘用时间"3 个字段的内容。要求显示参数提示信息为"请输入职工所属部门名称"，所建查询命名为"qT2"。

（3）创建一个查询，将表"tBmp"中"编号"字段值均在前面增加"05"2 个字符，所建查询命名为"qT3"。

（4）创建一个查询，要求显示提示信息"请输入需要删除的职工姓名"，输入姓名后，删除表对象"tTmp"中指定姓名的记录，所建查询命名为"qT4"。

【实训 10-28】

涉及的知识点

选择查询、参数查询及交叉表查询。

操作要求

在"实训 10-28"文件夹下有一个数据库文件"samp2.accdb"，该数据库文件已经建立了 2 个表对象"tA"和"tB"。试按以下要求完成设计：

（1）创建一个查询，查找并显示所有客人的"姓名"、"房间号"、"电话"和"入住日期"4 个字段的内容,所建查询命名为"qT1"。

（2）创建一个查询,要求在客人结账时根据客人的姓名统计这个客人已住天数和应交金额,并显示"姓名"、"房间号"、"已住天数"和"应交金额"4 个字段的内容,所建查询命名为"qT2"。（注：输入姓名时应提示"请输入姓名：",已住天数按系统日期为客人结账日进行计算；应交金额 = 已住天数 * 价格）

（3）创建一个查询,查找"身份证"字段第 4 位 ~ 第 6 位值为"102"的纪录,并显示"姓名"、"入住日期"和"价格"3 个字段的内容,所建查询命名为"qT3"。

（4）以表对象"tB"为数据源创建一个交叉表查询,使用房间号统计并显示每栋楼的各类房间个数。行标题为"楼号",列标题为"房间类别",所建查询命名为"qT4"。（注：房间号的前两位为楼号）

【实训 10-29】

涉及的知识点

添加计算字段,选择查询及总计查询。

操作要求

在"实训 10-29"文件夹下有一个数据库文件"samp2.accdb",该数据库文件已经建立了一个表对象"tTeacher"。试按以下要求完成设计：

（1）创建一个查询,计算并输出教师最大年龄与最小年龄的差值,显示标题为"m_age",所建查询命名为"qT1"。

（2）创建一个查询,查找并显示具有研究生学历的教师的"编号"、"姓名"、"性别"和"系别"4 个字段内容,所建查询命名为"qT2"。

（3）创建一个查询,查找并显示年龄小于等于 38、职称为副教授或教授的教师的"编号"、"姓名"、"年龄"、"学历"和"职称"5 个字段内容,所建查询命名为"qT3"。

（4）创建一个查询,查找并统计在职教师按照职称进行分类的平均年龄,然后显示出标题为"职称"和"平均年龄"2 个字段的内容,所建查询命名为"qT4"。

【实训 10-30】

涉及的知识点

选择查询、参数查询、交叉表查询及生成表查询。

操作要求

在"实训 10-30"文件夹下存在一个数据库文件"samp2.accdb",该数据库文件已经建立

了表对象 "tStud"、"tScore" 和 "tCourse"，试按以下要求完成设计：

（1）创建一个查询，查找党员记录，并显示"姓名"、"性别"和"入校时间"3 个字段的内容，所建查询命名为"qT1"。

（2）创建一个查询，按学生姓名查找某学生的记录，并显示"姓名"、"课程名"和"成绩"3 个字段的内容。当运行该查询时，应显示提示信息"请输入学生姓名："，所建查询命名为"qT2"。

（3）创建一个交叉表查询，统计并显示各门课程男女生的平均成绩，统计显示结果如图 10-3 所示，所建查询命名为"qT3"。要求：使用查询设计视图，用已存在的数据表做查询数据源，并将计算出来的平均成绩用整数显示（使用函数）。

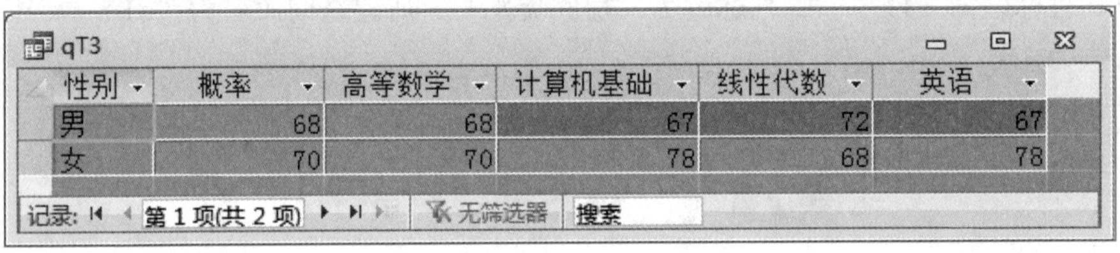

性别	概率	高等数学	计算机基础	线性代数	英语
男	68	68	67	72	67
女	70	70	78	68	78

记录：第 1 项（共 2 项）　无筛选器　搜索

图 10-3 交叉表查询结果

（4）创建一个查询，运行该查询后生成一个新表，表名为"tTemp"，表结构包括"姓名"、"课程名"和"成绩"3 个字段，表内容为不及格的所有学生记录，所建查询命名为"qT4"。要求创建此查询后，运行该查询，并查看运行结果。

第11章
窗 体

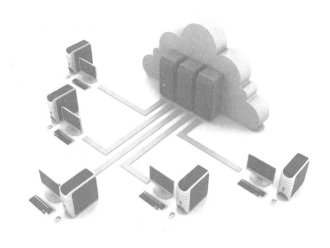

窗体作为 Access 数据库的重要组成部分，起着联系数据库与用户的桥梁作用。以窗体作为输入界面时，它可以接收用户的输入，判定其有效性、合理性，并能够响应消息执行一定的功能。以窗体作为输出界面时，它可以输出一些记录集中的文字、图形图像，还可以播放声音、视频动画，实现数据库中的多媒体数据处理。

知识点 1 **创建窗体**

（1）自动创建窗体。

（2）使用向导创建窗体。

（3）使用设计视图创建窗体。

知识点 2 **窗体的组成**

窗体页眉、页面页眉、主体、页面页脚和窗体页脚。

知识点 3 **窗体属性的设置**

（1）设置"格式"属性：标题、记录选择器、分隔线、导航按钮、对话框样式、水平和垂直滚动条、分隔线、最大化和最小化按钮、关闭按钮等。

（2）设置"数据"属性：记录源、允许编辑、允许删除、允许添加。

（3）设置"事件"属性：加载。

知识点 4 **常用控件的使用**

（1）添加标签控件。

（2）添加文本框控件。

（3）添加选项组按钮。

（4）添加复选框、选项按钮控件。

（5）添加绑定型组合框控件。

（6）添加命令按钮。

（7）添加直线、矩形控件。

知识点 5 **常用控件属性的设置**

（1）设置"格式"属性：标题、左边距、上边距、宽度、高度、前景色、特殊效果、字体名称、字号、字体粗细、倾斜字体、文本对齐方式等。

（2）设置"数据"属性：控件来源、输入掩码、默认值、有效性规则、有效性文本、可见等。

（3）设置"事件"属性：单击事件、事件过程等。

（4）设置"全部"属性：名称等。

【实训 11-1】

涉及的知识点

控件的使用及其属性设置、窗体属性的设置。

操作要求

在"实训 11-1"文件夹下有一个数据库文件"samp3.accdb"，该数据库文件已经建立了窗体对象"fStaff"。试在此基础上按照以下要求补充窗体设计：

（1）在窗体的窗体页眉区位置添加一个标签控件，其名称为"bTitle"，标题显示为"员工信息输出"。

（2）在主体区位置添加一个选项组控件，将其命为"opt"，选项组标签显示的内容为"性别"，名称为"bopt"。

（3）在选项组内放置两个单选按钮控件，分别命名为"opt1"和"opt2"，单选按钮标签显示的内容分别为"男"和"女"，名称分别为"bopt1"和"bopt2"。

（4）在窗体页脚区添加两个命令按钮，分别命名为"bOk"和"bQuit"，按钮标题分别为"确定"和"退出"。

（5）将窗体标题设置为"员工信息输出"。

> 说明：不允许修改窗体对象"fStaff"中已设置好的属性。

【实训 11-2】

涉及的知识点

控件的使用及其属性设置，窗体属性的设置。

操作要求

在"实训 11-2"文件夹下有一个数据库文件"samp3.accdb"，该数据库文件已经建立了窗体对象"fTest"。试在此基础上按照以下要求补充窗体设计：

（1）在窗体的窗体页眉区添加一个标签控件，其名称为"bTitle"，标题显示为"窗体测试样例"。

（2）在窗体主体区内添加两个复选框控件，复选框分别命名为"opt1"和"opt2"，对应的复选框标签显示内容分别为"类型 a"和"类型 b"，标签名称分别为"bopt1"和"bopt2"。

（3）分别设置复选框"opt1"和"opt2"的"默认值"属性为假值。

（4）在窗体页脚区添加一个命令按钮，命名为"bTest"，按钮标题为"测试"。

（5）将窗体标题设置为"测试窗体"。

说明：不允许修改窗体对象 fTest 中未涉及的属性。"fTest"的窗体视图如图 11-1 所示。

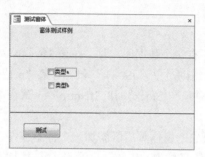

图 11-1 "fTest"的窗体视图

【实训 11-3】

涉及的知识点

控件的使用及其属性设置、窗体属性的设置及宏的使用。

操作要求

在"实训 11-3"文件夹下有一个数据库文件"samp3.accdb"，该数据库文件已经建立了表对象"tStud"、窗体对象"fStud"和子窗体对象"fDetail"。请在此基础上按照以下要求完成"fStud"窗体的设计：

（1）将窗体标题改为"学生查询"。

（2）将窗体的边框样式改为"细边框"，取消窗体中的水平和垂直滚动条、记录选择器、导航按钮和分隔线；将子窗体边框样式改为"细边框"，取消子窗体中的记录选择器、导航按钮和分隔线。

（3）在窗体中有两个标签控件，名称分别为"Label1"和"Label2"，将这两个标签上的文字颜色改为白色，背景颜色改为棕色（棕色代码为"#800000"）。

（4）将窗体主体区控件的【Tab】键次序改为"CItem"→"TxtDetail"→"CmdRefer"→"CmdList"→"CmdClear"→"fDetail"→"简单查询"→"Frame18"。

【实训 11-4】

涉及的知识点

控件的使用及其属性设置、窗体属性的设置及宏的使用。

操作要求

在"实训 11-4"文件夹下有一个数据库文件"samp3.accdb"，该数据库文件已经建立了表对象"tNorm"、"tStock"、查询对象"qStock"和宏对象"m1"，同时还设计出以"tNorm"和"tStock"为数据源的窗体对象"fStock"和"fNorm"。试在此基础上按照以下要求补充窗体设计：

（1）在"fStock"窗体对象的窗体页眉区添加一个标签控件，其名称为"bTitle"，初始化标题显示为"库存浏览"，字体名称为"黑体"，字号大小为 18 磅，字体粗细为"加粗"。

（2）在"fStock"窗体对象的窗体页脚区添加一个命令按钮，命名为"bList"，按钮标题为"显示信息"。

（3）将"fStock"窗体的标题设置为"库存浏览"。

（4）将"fStock"窗体对象中的"tNorm"子窗体的导航按钮去掉。

说明：不允许修改窗体对象中未涉及的控件和属性。不允许修改表对象"tNorm"、"tStock"和宏对象"m1"。

【实训 11-5】

涉及的知识点

控件的使用及其属性设置、窗体属性的设置。

操作要求

在"实训 11-5"文件夹下有一个数据库文件"samp3.accdb"，该数据库文件已经建立了表对象"tTeacher"、窗体对象"fTest"。试在此基础上按照以下要求补充窗体设计。

（1）在窗体的窗体页眉区添加一个标签控件，其名称为"bTitle"，初始化标题显示为"教师基本信息输出"。

（2）将窗体主体区中"学历"标签的文本框显示内容设置为"学历"字段值，并将该文本框名称改为"tBG"。

（3）在窗体页脚区添加一个命令按钮，命名为"bOk"，按钮标题为"刷新标题"。

（4）将窗体标题设置为"教师基本信息"。

　　说明: 不允许修改窗体对象"fTest"中未涉及的控件和属性。不允许修改表对象"tTeacher"。
窗体视图如图 11-2 所示

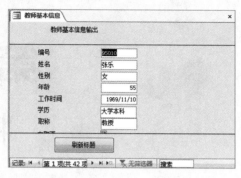

图 11-2　"fTest"窗体视图

第12章
报　表

在 Access 中，报表是用于格式化、计算、打印和汇总选定数据的对象，可以把数据库中的数据以纸张的形式打印输出。

知识点 1　创建报表

（1）使用向导创建报表。

（2）使用设计视图创建报表。

知识点 2　报表的组成

报表页眉、页面页眉、组页眉、主体、组页脚、页面页脚和报表页脚。

知识点 3　报表属性的设置

（1）设置"格式"属性：标题等。

（2）设置"数据"属性：记录源等。

知识点 4　常用控件的使用

（1）添加标签控件。

（2）添加文本框控件。

（3）添加直线、矩形控件。

知识点 5　常用控件属性的设置

（1）设置"格式"属性：标题、左边距、上边距、宽度、高度、前景色、特殊效果、字体名称、字号、字体粗细、倾斜字体、文本对齐方式等。

（2）设置"数据"属性：控件来源等。

（3）设置"全部"属性：名称等。

知识点 6　报表的排序与分组

（1）记录排序。

（2）记录分组。

知识点 7　使用计算控件

（1）主体节内添加计算控件。

（2）组页眉 / 组页脚区内或报表页眉 / 报表页脚区内添加计算控件。

（3）统计函数：求和：Sum() 函数；求平均值：Avg() 函数；求最大值：Max() 函数；求最小值：Min() 函数；计数：Count() 函数。

知识点 8 在报表页面页脚区添加页码

（1）当前页：用 [page] 表示。

（2）总页数：用 [pages] 表示。

【实训 12-1】

涉及的知识点

标签控件的使用及其属性设置，绑定控件和计算控件的使用。

操作要求

在"实训 12-1"文件夹下有一个数据库文件"samp3.accdb"，该数据库文件已经建立了表对象"tEmployee"和查询对象"qEmployee"，同时还设计出以"qEmployee"为数据源的报表对象"rEmployee"。试在此基础上按照以下要求补充报表设计：

（1）在报表的报表页眉区添加一个标签控件，其标题显示为"职员基本信息表"，并命名为"bTitle"。

（2）将报表主体区中名为"tDate"的文本框显示内容设置为"聘用时间"字段。

（3）在报表的页面页脚区添加一个计算控件，用来输出页码。计算控件放置在距上边 0.25 cm、距左侧 14 cm 位置，并命名为"tPage"。规定页码显示格式为"当前页 / 总页数"，如 1/20、2/20…20/20 等。

说明：不允许修改数据库中的表对象"tEmployee"和查询对象"qEmployee"。不允许修改报表对象"rEmployee"中未涉及的控件和属性。

【实训 12-2】

涉及的知识点

创建报表，报表属性的设置，分组统计及计算控件的使用。

操作要求

在"实训 12-2"文件夹下有一个数据库文件"samp3.accdb"，该数据库文件已建立两个关联表对象（"档案表"和"工资表"）和一个查询对象（"qT"），试按以下要求完成报表的各种操作：

（1）创建一个名为"eSalary"的报表，按表格布局显示查询"qT"的所有信息。

（2）设置报表的标题属性为"工资汇总表"。

（3）按职称汇总出"基本工资"的平均值和总和。"基本工资"的平均值计算控件名称为

“savg”，“总和”计算控件名称为“ssum”。（注：请在组页脚处添加计算控件）

（4）在“eSalary”报表的“主体”区上添加两个计算控件：名为“ySalary”的控件用于计算输出应发工资；名为“sSalary”的控件用于计算输出实发工资。计算公式：应发工资 = 基本工资 + 津贴 + 补贴；实发工资 = 基本工资 + 津贴 + 补贴 - 住房基金 - 失业保险。

【实训 12–3】

涉及的知识点

标签控件的使用，绑定控件，计算控件的使用及报表的属性设置。

操作要求

在“实训 12–3”文件夹下有一个数据库文件“samp3.accdb”，该数据库文件已经建立了表对象“tBand”和“tLine”，同时还设计出以“tBand”和“tLine”为数据源的报表对象“rBand”。试在此基础上按照以下要求补充报表设计：

（1）在报表的报表页眉区添加一个标签控件，其名称为“bTitle”，标题显示为“团队旅游信息表”，字体名称为“宋体”，字体大小为 22 磅，字体粗细为“加粗”，倾斜字体为“是”。

（2）在“导游姓名”字段标题对应的报表“主体”区添加一个控件，显示“导游姓名”字段值，并命名为“tName”。

（3）在报表的报表页脚区添加一个计算控件，要求依据“团队 ID”来计算并显示团队的个数。计算控件放置在“团队数：”标签的右侧，计算控件命名为“bCount”。

（4）将报表标题设置为“团队旅游信息表”。

说明： 不允许改动数据库文件中的表对象“tBand”和“tLine”，同时也不允许修改报表对象“rBand”中已有的控件和属性。报表如图 12-1 所示。

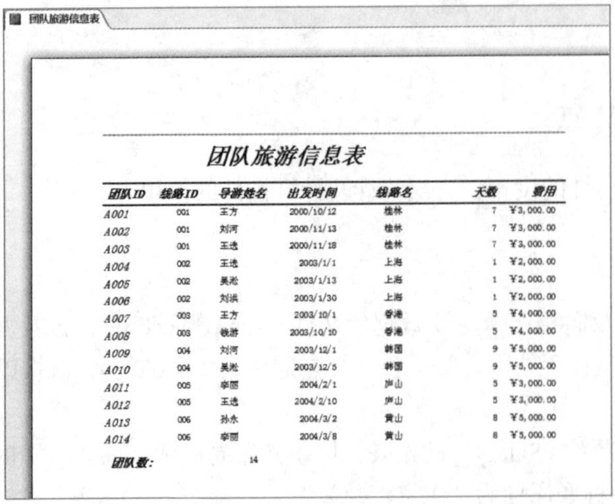
团队旅游信息表

团队旅游信息表

团队ID	线路ID	导游姓名	出发时间	线路名	天数	费用
A001	001	王方	2000/10/12	桂林	7	¥3,000.00
A002	001	刘河	2000/11/13	桂林	7	¥3,000.00
A003	001	王选	2000/11/18	桂林	7	¥3,000.00
A004	002	王选	2003/1/1	上海	1	¥2,000.00
A005	002	吴淞	2003/1/13	上海	1	¥2,000.00
A006	002	刘洪	2003/1/30	上海	1	¥2,000.00
A007	003	王方	2003/10/1	香港	5	¥4,000.00
A008	003	钱游	2003/10/10	香港	5	¥4,000.00
A009	004	刘河	2003/12/1	韩国	9	¥5,000.00
A010	004	吴淞	2003/12/5	韩国	9	¥5,000.00
A011	005	李丽	2004/2/1	庐山	5	¥3,000.00
A012	005	王选	2004/2/10	庐山	5	¥3,000.00
A013	006	孙永	2004/3/2	黄山	8	¥5,000.00
A014	006	李丽	2004/3/8	黄山	8	¥5,000.00

团队数： 14

图 12–1 “rBand”报表

【实训 12-4】

涉及的知识点

标签控件的使用，绑定控件，计算控件的使用及分组统计。

操作要求

在"实训 12-4"文件夹下有一个数据库文件"samp3.accdb"，该数据库文件已经建立了表对象"tStud"和查询对象"qStud"，同时还设计出以"qStud"为数据源的报表对象"rStud"。试在此基础上按照以下要求补充报表设计：

（1）在报表的报表页眉区添加一个标签控件，其名称为"bTitle"，标题显示为"97 年入学学生信息表"。

（2）在报表的主体区添加一个文本框控件，显示"姓名"字段。该控件放置在距上边 0.1 cm、距左边 3.2 cm，并命名为"tName"。

（3）在报表的页面页脚区添加一个计算控件，显示系统年、月，显示格式为：××××年 ×× 月（注：不允许使用格式属性）。计算控件放置在距上边 0.3 cm、距左边 10.5 cm，并命名为"tDa"。

（4）按"编号"字段的前 4 位分组统计每组记录的平均年龄，并将统计结果显示在组页脚区。计算控件命名为"tAvg"。

说明：不允许改动数据库中的表对象"tStud"和查询对象"qStud"，同时也不允许修改报表对象"rStud"中已有的控件和属性。

【实训 12-5】

涉及的知识点

标签控件的使用，绑定控件，计算控件的使用及 Dlookup() 函数的使用。

操作要求

在"实训 12-5"文件夹下有一个数据库文件"samp3.accdb"，该数据库文件已经建立了表对象"tEmployee"、"tGroup"及查询对象"qEmployee"，同时还设计出以"qEmployee"为数据源的报表对象"rEmployee"。试在此基础上按照以下要求补充报表设计：

（1）在报表的页眉区位置添加一个标签控件，其名称为"bTitle"，标题显示为"职工基本信息表"。

（2）在"性别"字段标题对应的报表主体区距上边 0.1 cm、距左侧 5.2 cm 位置添加一个文本框，显示"性别"字段，并命名为"tSex"。

（3）设置报表主体区文本框"tDept"的控件来源属性为计算控件。要求该控件可以根据报表数据源中的"所属部门"字段，从非数据源表对象"tGroup"中检索对应的部门名称并显示输出（提示：考虑 DLookup() 函数的使用）。

> **说明**：不允许修改数据库中的表对象"tEmployee"和"tGroup"及查询对象"qEmployee"
> 不允许修改报表对象"qEmployee"中未涉及的控件和属性。

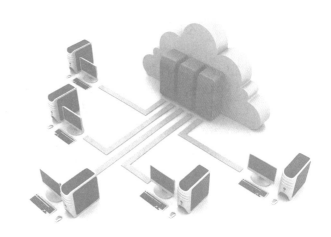

第 13 章

宏

宏是一个或多个操作的集合，其中每个操作能够完成一个指定的动作，例如打开或关闭某个窗体。在 Access 中，宏可以是包含一系列操作的一个宏，也可以是由一些相关宏组成的宏组，使用条件表达式还可以确定在什么情况下运行宏，以及是否执行某个操作。

<u>知识点 1</u>　宏的种类

操作序列宏、宏组和条件宏。

<u>知识点 2</u>　宏的运行

触发事件：某个窗体上某个命令按钮的"单击"事件。

<u>知识点 3</u>　宏的重命名

（1）重命名。

（2）自动运行的宏：autoexec。

【实训 13】

涉及的知识点

窗体属性的设置和宏的使用。

操作要求

在"实训 13"文件夹下有一个数据库文件"samp3.accdb"，其中已经设计好表对象"产品"、"供应商"、查询对象"按供应商查询"和宏对象"打开产品表"、"运行查询"、"关闭窗口"、"mTest"。试按以下要求完成设计。

创建一个空白的窗体，命名为 menu，然后对窗体进行如下设置：

（1）在主体节区距左边 1cm，距上边 0.6cm 处依次水平放置 3 个命令按钮"显示修改产品表"（名为"bt1"）、"查询"（名为"bt2"）和"退出"（名为"bt3"），命令按钮的宽度均为 2cm，高度为 1.5cm，每个命令按钮相隔 1cm。

（2）设置窗体标题为"主菜单"。

（3）当单击"显示修改产品表"命令按钮时，运行宏对象"打开产品表"。

（4）当单击"查询"命令按钮时，运行宏对象"运行查询"。

（5）当单击"退出"命令按钮时，运行宏对象"关闭窗口"。

（6）将宏对象"mTest"重命名保存为自动执行的宏。

第 *14* 章
模块与 VBA 编程

　　模块是 Access 系统中的一个重要对象，它以 VBA（Visual Basic for Application）语言为基础编写，以函数过程（Function）和子过程（Sub）为单元的集合方式存储。在 Access 中，模块分为类模块和标准模块。

　　VBA 是 Microsoft Office 套装软件的内置编程语言，其语法与 Visual Basic 编程语言互相兼容。在 Access 程序设计中，当某些操作不能用其他 Access 对象实现或实现起来很困难时，就可以利用 VBA 语言编写代码，完成这些复杂任务。

　　<u>知识点 1</u>　编写事件过程：键盘事件，鼠标事件，窗口事件，操作事件和其他事件

　　<u>知识点 2</u>　VBA 编程环境：进入 VBE、VBE 界面

　　<u>知识点 3</u>　VBA 编程基础：常量，变量，表达式，数组，函数

　　<u>知识点 4</u>　VBA 程序流程控制：顺序控制，选择控制，循环控制

　　<u>知识点 5</u>　VBA 常见操作

　　（1）打开和关闭窗体 / 报表。

　　（2）输入框函数 InputBox()。

　　（3）消息框函数 MsgBox()。

　　<u>知识点 6</u>　Access 中窗体与报表对象的引用格式

　　Forms! 窗体名称 ! 控件名称 [. 属性名称]

　　Reports! 报表名称 ! 控件名称 [. 属性名称]

　　<u>知识点 7</u>　VBA 的数据库编程

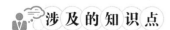 涉及的知识点

　　窗体及控件属性的设置、VBA 代码的编写。

操 作 要 求

在"实训 14-1"文件夹下有一个数据库文件"samp3.accdb"，该数据库文件已经建立了表对象"tStudent"、窗体对象"fQuery"和"fStudent"。请在此基础上按照以下要求完成"fQuery"窗体的设计：

（1）在距主体区左边 0.4 cm、上边 0.4 cm 的位置添加一个矩形控件，其名称为"rRim"。矩形宽度为 16.6 cm，高度为 1.2 cm，特殊效果为"凿痕"。

（2）将窗体中"退出"命令按钮上的文字颜色改为"棕色"（棕色代码为"#800000"），字体粗细改为"加粗"。

（3）将窗体标题改为"显示查询信息"。

（4）将窗体边框改为"对话框边框"样式，取消窗体中的水平和垂直滚动条、记录选择器、导航按钮和分隔线。

（5）在窗体中有一个"显示全部记录"命令按钮（名称为"bList"），单击该按钮后，应实现显示"tStudent"表中的全部记录的功能。现已编写了部分 VBA 代码，请按照 VBA 代码中的指示将代码补充完整。要求：修改后运行该窗体，并查看修改结果。

说明：不允许修改窗体对象"fQuery"和"fStudent"中未涉及的控件、属性。不允许修改表对象"tStudent"；程序代码只允许在"**********"与"**********"之间的空行内补充一行语句来完成设计，不允许增删和修改其他位置已存在的语句。

【实训 14-2】

涉 及 的 知 识 点

窗体及控件属性的设置，IIF() 函数的使用和 VBA 代码的编写。

操 作 要 求

在"实训 14-2"文件夹下有一个数据库文件"samp3.accdb"，该数据库文件已经建立了表对象"tStud"和窗体对象"fStud"。请在此基础上按照以下要求完成"fStud"窗体的设计：

（1）在窗体的窗体页眉中距左边 0.4 cm、距上边 1.2 cm 处添加一个直线控件，控件宽度为 10.5 cm，控件命名为"tLine"。

（2）将窗体中名为"lTalbel"的标签控件上的文字颜色改为"蓝色"（蓝色代码为"#0000FF"），字体名称改为"华文行楷"，字体大小改为 22 磅。

（3）将窗体边框改为"细边框"样式，取消窗体中的水平和垂直滚动条、记录选择器、导航按钮和分隔线，并且只保留窗体的关闭按钮。

（4）假设"tStud"表中"学号"字段的第 5 位和第 6 位编码代表该生的专业信息。当这两位编码为"10"时表示"信息"专业，为其他值时表示"管理"专业。设置窗体中名称为"tSub"

的文本框控件的相应属性，使其根据"学号"字段的第 5 位和第 6 位编码显示对应的专业名称。

（5）在窗体中有一个"退出"命令按钮，名称为"CmdQuit"，其功能为关闭"fStud"窗体。请按照 VBA 代码中的指示将实现此功能的代码填入指定的位置中。

说明：不允许修改窗体对象"fStud"中未涉及的控件、属性和任何 VBA 代码；不允许修改表对象"tStud"；程序代码只允许在"*****Add*****"与"*****Add*****"之间的空行内补充一行语句来完成设计，不允许增删和修改其他位置已存在的语句。

【实训 14-3】

涉 及 的 知 识 点

窗体及控件属性的设置，VBA 代码的编写及 MsgBox() 函数的使用。

操 作 要 求

在"实训 14-3"文件夹下有一个数据库文件"samp3.accdb"，该数据库文件已经建立了表对象"tAddr"和"tUser"，窗体对象"fEdit"和"fEuser"。请在此基础上按照以下要求完成"fEdit"窗体的设计：

（1）将窗体中名为"lremark"的标签控件上的文字颜色改为"蓝色"（蓝色代码为"#0000FF"），字体粗细改为"加粗"。

（2）将窗体标题设置为"显示 / 修改用户口令"。

（3）将窗体边框改为"细边框"样式，取消窗体中的水平和垂直滚动条、记录选择器、导航按钮和分隔线，并保留窗体的关闭按钮。

（4）将窗体中"退出"命令按钮（名称为"CmdQuit"）上的文字颜色改为棕色（棕色代码为"#800000"）、字体粗细改为"加粗"，并在文字下方加下画线。

（5）在窗体中有"修改"和"保存"两个命令按钮，名称分别为"CmdEdit"和"CmdSave"，其中"保存"按钮在初始状态不可用，当单击"修改"按钮后，"保存"按钮变为可用，同时在窗体的左侧显示相应的信息和可修改的信息。如果在"密码"文本框中输入的内容与在"确认密码"文本框中输入的内容不相符时单击"保存"按钮，屏幕上就会弹出如图 14-1 所示的提示框。现已编写了部分 VBA 代码，请按照 VBA 代码中的指示将代码补充完整。要求：修改后运行该窗体，并查看修改结果。

图 14-1　提示框

说明：不允许修改窗体对象"fEdit"和"fEuser"中未涉及的控件、属性；不允许修改表对象"tAddr"和"tUser"；程序代码只允许在"*****Add*****"与"*****Add*****"之间的空行内补充一行语句来完成设计，不允许增删和修改其他位置已存在的语句。

【实训 14-4】

涉及的知识点

窗体及控件属性的设置，VBA 代码的编写。

操作要求

在"实训 14-4"文件夹下有一个数据库文件"samp3.accdb"，该数据库文件已经建立了窗体对象"fSys"。请在此基础上按照以下要求完成"fSys"窗体的设计：

（1）将窗体的边框样式设置为"对话框边框"，取消窗体中的水平和垂直滚动条、记录选择器、导航按钮、分隔线、控制框、关闭按钮、最大化按钮和最小化按钮。

（2）将窗体标题栏显示文本设置为"系统登录"。

（3）将窗体中"用户名称"（名称为"lUser"）和"用户密码"（名称为"lPass"）两个标签上的文字颜色改为棕色（棕色代码为"#800000"），字体粗细改为"加粗"。

（4）将窗体中名称为"tPass"的文本框控件的内容以密码形式显示。

（5）按照以下窗体功能补充事件代码设计：在窗体中有"用户名称"和"用户密码"两个文本框，名称分别为"tUser"和"tPass"，还有"确定"和"退出"两个命令按钮，名称分别为"cmdEnter"和"cmdQuit"。在"tUser"和"tPass"两个文本框中输入用户名称和用户密码后，单击"确定"按钮，程序将判断输入的值是否正确。如果输入的用户名称为"cueb"，用户密码为"1234"，则显示提示框，提示框标题为"欢迎"，显示内容为"密码输入正确，欢迎进入系统！"，提示框中只有一个"确定"按钮，当单击"确定"按钮后，关闭该窗体；如果输入不正确，则提示框显示内容为"密码错误！"，同时清除"tUser"和"tPass"两个文本框中的内容，并将光标置于"tUser"文本框中。单击窗体上的"退出"按钮后，关闭当前窗体。

说明：不允许修改窗体对象"fSys"中未涉及的控件、属性和任何 VBA 代码；只允许在"*****Add*****"与"*****Add*****"之间的空行内补充一条语句，不允许增删和修改其他位置已存在的语句。

【实训 14-5】

涉及的知识点

窗体及控件属性的设置，表对象字段的删除及 VBA 代码的编写。

操作要求

在"实训 14-5"文件夹下有一个数据库文件"samp3.accdb"，该数据库文件已经建立了表对象"tEmp"和窗体对象"fEmp"。同时，给出窗体对象"fEmp"上"计算"按钮（名为"bt"）的单击事件代码，试按以下要求完成设计：

（1）设置窗体对象"fEmp"的标题为"信息输出"。

（2）将窗体对象"fEmp"上名为"bTitle"的标签以红色显示其标题。

（3）删除表对象"tEmp"中的"照片"字段。

（4）按照以下窗体功能补充事件代码设计：打开窗体，单击"计算"按钮（名为"bt"），事件过程使用 ADO 数据库技术计算表对象"tEmp"中党员职工的平均年龄，然后将结果显示在窗体的文本框"tAge"内。

说明：不允许修改数据库中表对象"tEmp"未涉及的字段和数据；不允许修改窗体对象"fEmp"中未涉及的控件和属性；程序代码只允许在"*****Add*****"与"*****Add*****"之间的空行内补充一行语句来完成设计，不允许增删和修改其他位置已存在的语句。

【实训 14-6】

涉及的知识点

报表及控件属性的设置，VBA 代码的编写。

操作要求

在"实训 14-6"文件夹下有一个数据库文件"samp3.accdb"，该数据库文件已经建立了表对象"tEmp"、窗体对象"fEmp"、报表对象"rEmp"和宏对象"mEmp"。试在此基础上按照以下要求完成设计：

（1）将报表"rEmp"的报表页眉区内名为"bTitle"标签控件的标题显示设置为"职工基本信息表"，同时将其安排在距上边 0.5 cm、距左侧 5 cm 的位置。

（2）设置报表"rEmp"的主体区内"tSex"文本框显示"性别"字段的数据。

（3）将窗体按钮"btnP"的"单击"事件属性设置为宏"mEmp"，以完成按钮单击打开报表的操作。

（4）窗体加载时将"实训 14-6"文件夹下的图片文件"test.bmp"设置为窗体"fEmp"的背景。窗体"加载"事件代码已提供，请补充完整。要求背景图像文件的当前路径必须用 CurrentProject.Path 获得。

说明：不允许修改数据库中的表对象"tEmp"和宏对象"mEmp"；不允许修改窗体对象"fEmp"和报表对象"rEmp"中未涉及的控件和属性；程序代码只允许在"*****Add*****"与"*****Add*****"之间的空行内补充一行语句来完成设计，不允许增删和修改其他位置已存在的语句。

【实训 14-7】

涉及的知识点

窗体及控件属性的设置，VBA代码的编写，宏的使用和报表属性的设置。

操作要求

在"实训14-7"文件夹下有一个数据库文件"samp3.accdb"，该数据库文件已经建立了表对象"tEmp"、窗体对象"fEmp"、宏对象"mEmp"和报表对象"rEmp"。同时给出了窗体对象"fEmp"的"加载"事件和"预览"及"打印"两个命令按钮的"单击"事件代码，试按以下功能要求完成设计：

（1）将窗体"fEmp"上的标签"bTitle"以特殊效果"凿痕"显示。

（2）已知窗体"fEmp"的3个命令按钮中，按钮"bt1"和"bt3"的大小一致、且左对齐。现要求在不更改"bt1"和"bt3"大小位置的基础上，调整按钮"bt2"的大小和位置，使其大小与"bt1"和"bt3"相同，水平与"bt1"和"bt3"左对齐，且位于"bt1"和"bt3"之间。

（3）将窗体"fEmp"中"加载"事件的标签"bTitle"的显示标题设置为红色（代码为255），单击"预览"按钮（名为"bt1"）或"打印"按钮（名为"bt2"），事件传递参数通过调用同一个用户的自定义代码（"mdPnt"）实现报表的预览或打印输出。单击"退出"按钮（名为"bt3"），调用设计好的宏"mEmp"来关闭窗体。

（4）将报表对象"rEmp"的记录源属性设置为表对象"tEmp"。

> 说明：不允许修改数据库中的表对象"tEmp"和宏对象"mEmp"；不允许修改窗体对象"fEmp"和报表对象"rEmp"中未涉及的控件和属性；程序代码只允许在"*****Add*****"与"*****Add*****"之间的空行内补充一行语句来完成设计，不允许增删和修改其他位置已存在的语句。

【实训 14-8】

涉及的知识点

表对象中"有效性规则"和"有效性文本"的使用，报表中排序和计算控件的使用，窗体控件属性的设置及VBA代码的编写。

操作要求

在"实训14-8"文件夹下有一个数据库文件"samp3.accdb"，该数据库文件已经建立了表对象"tEmp"、窗体对象"fEmp"、报表对象"rEmp"和宏对象"mEmp"。试在此基础上按照以下要求完成设计：

（1）设置表对象"tEmp"中"聘用时间"字段的"有效性规则"为 1991 年 1 月 1 日（含）以后的时间，"有效性文本"设置为"输入一九九一年以后的日期"。

（2）设置报表"rEmp"按照"性别"字段升序（先男后女）排列输出，将报表页面页脚区内名为"tPage"的文本框控件设置为以"- 页码 / 总页数 -"的形式来显示页码（如 -1/15-、-2/15-、...）。

（3）将"fEmp"窗体上名为"bTitle"的标签上移到距"btnP"命令按钮 1 cm 的位置（即标签的下边界距命令按钮的上边界 1 cm），并设置其标题为"职工信息输出"。

（4）试根据以下窗体功能要求，对已给的命令按钮事件过程进行补充和完善。

在"fEmp"窗体上单击"输出"命令按钮（名为"btnP"），弹出一个输入　对话框，其提示文本为"请输入大于 0 的整数值"。输入 1 时，相关代码关闭窗体（或程序）；输入 2 时，相关代码实现预览输出报表对象"rEmp"；输入 >=3 时，相关代码调用宏对象"mEmp"以打开数据表"tEmp"。

　　说明：不允许修改数据库中的宏对象"mEmp"；不允许修改窗体对象"fEmp"和报表对象"rEmp"中未涉及的控件和属性；不允许修改表对象"tEmp"中未涉及的字段和属性；程序代码只允许在"*****Add*****"与"*****Add*****"之间的空行内补充一行语句来完成设计，不允许增删和修改其他位置已存在的语句。

第15章
综合练习

【实训 15-1】

一、基本操作题

操作要求

在"实训 15-1"文件夹下有一个数据库文件"samp1.accdb"。试按以下操作要求完成表的建立和修改：

（1）创建一个名为"tEmployee"的新表，其结构如表 15-1 所示。

表 15-1 "tEmployee"表结构

字 段 名 称	数 据 类 型	字 段 大 小	格 式
职工 ID	短文本	5	
姓名	短文本	10	
职称	短文本	6	
聘任日期	日期 / 时间		常规日期

（2）判断并设置表"tEmployee"的主关键字。

（3）在"聘任日期"字段后添加"借书证号"字段，字段的数据类型为短文本，字段大小为 10，验证规则为不能是空值。

（4）将"tEmployee"表中"职称"字段的"默认值"属性设置为"副教授"。

（5）设置"职工 ID"字段的输入掩码为只能输入 5 位数字形式。

（6）向"tEmployee"表中填入相应内容（"借书证号"字段可输入任意非空内容），内容如表 15-2 所示。

表 15-2 "tEmployee"表新记录

职工 ID	姓 名	职 称	聘 任 日 期	借书证号
00001	112	副教授	1995-11-1	
00002	113	教授	1995-12-12	

二、简单应用题

操 作 要 求

在"实训 15-1"文件夹下有一个数据库文件"samp2.accdb",该数据库文件已经建立了表对象"tQuota"和"tStock",试按以下要求完成设计:

(1)创建一个查询,查找库存数量高于 30 000(含)的产品,并显示"产品名称"、"规格"、"库存数量"和"最高储备"4 个字段的内容,所建查询命名为"qT1"。

(2)创建一个查询,查找某类产品的库存情况,并显示"产品名称"、"规格"和"库存数量"字段的内容,所建查询命名为"qT2"。当运行该查询时,提示框中应显示"请输入产品类别:"。(说明:产品类别为"产品 ID"字段值的第 1 位)

(3)创建一个查询,查找库存数量高于最高储备的产品,并显示"产品名称"、"库存数量"和"最高储备"3 个字段的内容。所建查询命名为"qT3"。

(4)创建一个查询,计算每类产品不同单位的库存金额总计。要求行标题显示"产品名称",列标题显示"单位"。所建查询命名为"qT4"。

说明:库存金额 = 单价 × 库存数量。

三、综合应用题

操 作 要 求

在"实训 15-1"文件夹下有一个数据库文件"samp3.accdb",该数据库文件已经建立了表对象"tStud"和查询对象"qStud",同时还设计了以"qStud"为数据源的报表对象"rStud"。试在此基础上按照以下要求补充报表设计:

(1)在报表的报表页眉区添加一个标签控件,其名称为"bTitle",标题显示为"团员基本信息表"。

(2)在报表的主体区添加一个文本框控件,显示"性别"字段。该控件放置在距上边 0.1 cm、距左边 5.2 cm,并命名为"tSex"。

(3)在报表页脚区添加一个计算控件,计算并显示学生的平均年龄。计算控件放置在距上边 0.2 cm、距左边 4.5 cm,并命名为"tAvg"。

(4)按"编号"字段的前 4 位分组统计每组记录的个数,并将统计结果显示在组页脚区。计算控件命名为"tCount"。

> 说明：不允许改动数据库中的表对象"tStud"和查询对象"qStud"，同时也不允许修改报表对象"rStud"中已有的控件和属性。

【实训 15-2】

一、基本操作题

操作要求

在"实训 15-2"文件夹下有一个数据库文件"samp1.accdb"，该数据库文件已经完成了表"tCollect"的设计。试按以下操作要求完成表的建立和修改：

（1）创建一个名为"tComposer"的新表，其结构如表 15-3 所示。

表 15-3　"tComposer"表结构

字 段 名 称	数 据 类 型	字 段 大 小
作曲家	数字	长整型
作曲家名称	短文本	10
作曲家介绍	短文本	30
年代	日期 / 时间	

（2）将"作曲家"字段设置为主键，设置"标题"属性为"作曲家编号"。

（3）将"作曲家名称"字段设置为"必需"字段。

（4）将"年代"字段的"格式"属性设置为"长日期"。

（5）将"年代"字段的"验证规则"设置为输入的日期必须满足在 1980 年（含）以后的作曲家，并设置"验证文本"属性为"年代日期必须为 1980 年以后的作曲家"。

（6）打开"tCollect"表，冻结"CDID"字段，隐藏"价格"字段，并保存显示布局。

二、简单应用题

操作要求

在"实训 15-2"文件夹下有一个数据库文件"samp2.accdb"，该数据库文件已经建立了 3 个关联表对象"tStud"、"tCourse"和"tScore"及一个临时表对象"tTemp"。试按以下要求完成设计：

（1）创建一个查询，查找并显示入校时间非空的男同学的"学号"、"姓名"和"所属院系" 3 个字段的内容，所建查询命名为"qT1"。

（2）创建一个查询，查找选课学生的"姓名"和"课程名"2 个字段内容，所建查询命名为"qT2"。

（3）创建一个交叉表查询，以学生性别为行标题，以所属院系为列标题，统计男女学生在各院系的平均年龄，所建查询命名为"qT3"。

（4）创建一个查询，将临时表对象"tTemp"中年龄为偶数的人员的"简历"字段清空，所建查询命名为"qT4"。

三、综合应用题

操 作 要 求

在"实训 15-2"文件夹下有一个数据库文件"samp3.accdb"，该数据库文件已经建立了表对象"tOrder"、"tDetail"、"tBook"，查询对象"qSell"和报表对象"rSell"。请在此基础上按照以下要求补充"rSell"报表设计：

（1）对报表进行适当设置，使报表显示"qSell"查询中的数据。

（2）对报表进行适当设置，使报表标题栏上显示的文字为"销售情况报表"；在报表页眉处添加一个标签，标签名为"bTitle"，显示文本为"图书销售情况表"，字体名称为"黑体"、颜色为棕色（棕色代码为"#800000"）、字号为 20 磅、字体粗细为"正常"，文字不倾斜。

（3）对报表中名称为"txtMoney"的文本框控件进行适当设置，使其显示每本书的金额（金额 = 单价 * 数量）。

（4）在报表适当位置添加一个文本框控件，控件名称为"txtAvg"，计算每种图书的平均单价。要求使用 Round() 函数将计算出的平均单价保留两位小数。报表适当位置是指报表页脚、页面页脚或组页脚。

（5）在报表页脚处添加一个文本框控件，控件名称为"txtIf"，判断所售图书的金额合计，如果金额合计大于 30 000，"txtIf"控件显示"达标"，否则显示"未达标"。

说明：不允许修改报表对象"rSell"中未涉及的控件、属性，不允许修改表对象"tOrder"、"tDetail"和"tBook"，不允许修改查询对象"qSell"。

【实训 15-3】

一、基本操作题

操 作 要 求

在"实训 15-3"文件夹下的"samp1.accdb"数据库文件中已完成表"tEmployee"的建立。试按以下操作要求完成表的编辑：

（1）设置"编号"字段为主键。

（2）设置"年龄"字段的"验证规则"属性为大于等于 17 且小于等于 55。

（3）设置"聘用时间"字段的默认值为系统当前日期。

（4）交换表结构中的"职务"与"聘用时间"两个字段的位置。

（5）删除表中职工编号为"000024"和"000028"的两条记录。

（6）在编辑完的表中追加一条新记录，内容如表 15-4 所示。

表 15-4 "tEmployee"表新添记录

编 号	姓 名	性 别	年 龄	聘用时间	所属部门	职 务	简 历
000031	王涛	男	35	2004-9-1	02	主管	熟悉系统维护

二、简单应用题

操作要求

在"实训 15-3"文件夹下有一个数据库文件"samp2.accdb"，该数据库文件已经建立了表对象"tTeacher"、"tCourse"、"tStud"和"tGrade"，试按以下要求完成设计：

（1）创建一个查询，按输入的教师姓名查找教师的授课情况，并按"上课日期"字段降序显示"教师姓名"、"课程名称"和"上课日期"3 个字段的内容，所建查询命名为"qT1"。当运行该查询时，应显示参数提示信息"请输入教师姓名"。

（2）创建一个查询，查找学生的课程成绩大于等于 80 且小于等于 100 的学生情况，并显示"学生姓名"、"课程名称"和"成绩"3 个字段的内容，所建查询命名为"qT2"。

（3）对表"tGrade"创建一个分组总计查询，假设学号字段的前 4 位代表年级，要统计各个年级不同课程的平均成绩，显示"年级"、"课程 ID"和"平均成绩"3 个字段的内容，并按"年级"降序排列，所建查询命为"qT3"。

（4）创建一个查询，按"课程 ID"分类统计最高分成绩与最低分成绩的差，并显示"课程名称"和"最高分与最低分的差"2 个字段的内容。其中，"课程名称"按升序显示，"最高分与最低分的差"由计算得到，所建查询命名为"qT4"。

三、综合应用题

操作要求

在"实训 15-3"文件夹下有一个数据库文件"samp3.accdb"，该数据库文件已经建立了表对象"tEmp"、查询对象"qEmp"和窗体对象"fEmp"。同时，给出窗体对象"fEmp"上 2 个按钮的"单击"事件代码，试按以下要求完成设计：

（1）将窗体"fEmp"上名称为"tSS"的文本框控件改为组合框控件，控件名称不变，标签标题不变。设置组合框控件的相关属性，以实现从下拉列表中选择性别值"男"或"女"。

（2）将查询对象"qEmp"改为参数查询，参数为窗体对象"fEmp"上组合框"tSS"的输入值。

（3）将窗体对象"fEmp"上名称为"tPa"的文本框控件设置为计算控件。要求依据"党员否"字段值显示相应的内容。如果"党员否"字段值为 True，显示"党员"2 个字；如果"党员否"字段值为 False，显示"非党员"3 个字。

（4）窗体对象"fEmp"上有"刷新"和"退出"2 个命令按钮，名称分别为"bt1"和"bt2"。单击"刷新"按钮，窗体的记录源改为查询对象"qEmp"；单击"退出"按钮，关闭窗体。现已编写了部分 VBA 代码，请按照 VBA 代码中的指示将代码补充完整。

说明：不允许修改数据库中的表对象"tEmp"；不允许修改查询对象"qEmp"中未涉及的内容；不允许修改窗体对象"fEmp"中未涉及的控件和属性；程序代码只允许在"*****Add*****"与"*****Add*****"之间的空行内补充一行语句来完成设计，不允许增删和修改其他位置已存在的语句。

【实训 15-4】

一、基本操作题

操作要求

在"实训 15-4"文件夹下有一个数据库文件"samp1.accdb"和一个 Excel 文件"tQuota.xlsx"。在该数据库文件中已经建立了一个表对象"tStock"。试按以下操作要求完成各种操作：

（1）分析"tStock"表的字段构成，判断并设置其主键。

（2）在"tStock"表的"规格"和"出厂价"字段之间增加一个新字段，字段名称为"单位"，数据类型为短文本，字段大小为 1。

（3）删除"tStock"表中的"长文本"字段，并为该表的"产品名称"字段创建查阅列表，列表中显示"灯泡"、"节能灯"和"日光灯"3 个值。

（4）向"tStock"表中输入数据有如下要求：

① "出厂价"字段只能输入 3 位整数和 2 位小数（整数部分可以不足 3 位）。

② "单位"字段的默认值为"只"。设置相关属性以实现这些要求。

（5）将"基本操作题 4"文件夹下的"tQuota.xlsx"文件导入到"samp1.accdb"数据库文件中，表名不变，分析该表的字段构成，判断并设置其主键。

（6）建立"tQuota"表与"tStock"表之间的关系。

二、简单应用题

操作要求

在"实训 15-4"文件夹下有一个数据库文件"samp2.accdb"，该数据库文件已经建立了 3 个关联表对象（名为"tStud"、"tCourse"和"tScore"）、一个空表（名为"tTemp"）和一个窗体对象（名为"fTemp"）。试按以下要求完成设计：

（1）创建一个选择查询，查找没有绘画爱好学生的"学号"、"姓名"、"性别"和"年龄"4 个字段的内容，所建查询命名为"qT1"。

（2）创建一个选择查询，查找学生的"姓名"、"课程名"和"成绩"3 个字段的内容，所建查询命名为"qT2"。

（3）创建一个参数查询，查找学生的"学号"、"姓名"、"年龄"和"性别"4 个字段的内容。其中设置"年龄"字段为参数，参数值要求引用窗体 fTemp 上控件 tAge 的值，所建查询命名为"qT3"。

（4）创建追加查询，将表对象"tStud"中"学号"、"姓名"、"性别"和"年龄"4个字段的内容追加到目标表"tTemp"的对应字段内，所建查询命名为"qT4"。（规定："姓名"字段的第一个字符为姓。要求将学生学号和学生的姓名组合在一起，追加到目标表的"标识"字段中）

三、综合应用题

操作要求

在"实训15-4"文件夹下有一个数据库文件"samp3.accdb"，该数据库文件已经建立了表对象"tAddr"和"tUser"，窗体对象"fEdit"和"fEuser"。请在此基础上按照以下要求完成"fEdit"窗体的设计：

（1）将窗体中名为"Lremark"的标签控件上的文字颜色改为红色（红色代码为"#FF0000"），字体粗细改为"加粗"。

（2）将窗体标题设置为"修改用户信息"。

（3）将窗体边框改为"对话框边框"样式，取消窗体中的水平和垂直滚动条、记录选择器、导航按钮和分隔线。

（4）将窗体中的"退出"命令按钮（名称为"cmdquit"）上的文字颜色改为棕色（棕色代码为"#800000"）、字体粗细改为"加粗"，并在文字下方加上下画线。

（5）窗体中有"修改"和"保存"两个命令按钮，名称分别为"CmdEdit"和"CmdSave"，其中"保存"命令按钮在初始状态不可用，当单击"修改"按钮后，应使"保存"按钮变为可用。现已编写了部分 VBA 代码，请按照 VBA 代码中的指示将代码补充完整。要求：修改后运行该窗体，并查看修改结果。

> **说明：** 不允许修改窗体对象"fEdit"和"fEuser"中未涉及的控件、属性；不允许修改表对象"tAddr"和"tUser"；程序代码只允许在"***********"与"**********"之间的空行内补充一行语句来完成设计，不允许增删和修改其他位置已存在的语句。

【实训 15-5】

一、基本操作题

操作要求

在"实训15-5"文件夹下有一个数据库文件"samp1.accdb"。在该数据库文件中已经完成了一个表对象"学生基本情况"。试按以下操作要求完成各种操作：

（1）将"学生基本情况"表的名称更改为"tStud"。

（2）设置"身份ID"字段为主键，并设置其相应属性，使该字段在数据表视图中的显示标题为"身份证"。

（3）将"姓名"字段设置为有重复索引。

（4）在"家长身份证号"和"语文"两个字段间增加一个字段，名称为"电话"，类型为短文本型，大小为12。

（5）将新增"电话"字段的输入掩码属性设置为"010-********"的形式。其中，"010-"部分自动输出，后8位为0～9的数字。

（6）在数据表视图中将隐藏的"编号"字段显示出来。

二、简单应用题

操 作 要 求

在"实训15-5"文件夹下有一个数据库文件"samp2.accdb"，在"samp2.accdb"数据库中有"档案表"和"工资表"两张表，试按以下要求完成设计：

（1）建立表对象"档案表"和"工资表"的表间关系。创建一个选择查询，显示职工的"姓名"、"性别"和"基本工资"3个字段的内容，所建查询命名为"qT1"。

（2）创建一个选择查询，查找职称为"教授"或"副教授"的档案信息，并显示其"职工号"、"出生日期"及"婚否"3个字段的内容，所建查询命名为"qT2"。

（3）创建一个参数的查询，要求：当执行查询时，屏幕提示"请输入要查询的姓名"。查询结果显示"姓名"、"性别"、"职称"和"工资总额"4个字段，其中"工资总额"是一个计算字段，由"基本工资＋津贴-住房公积金-失业保险"计算得到。所建查询命名为"qT3"。

（4）创建一个查询，查找有档案信息但无工资信息的职工，显示其"职工号"和"姓名"2个字段的信息，所建查询命名为"qT4"。

三、综合应用题

操 作 要 求

在"实训15-5"文件夹下有一个数据库文件"samp3.accdb"，该数据库文件已经建立了表对象"tEmp"、窗体对象"fEmp"、报表对象"rEmp"和宏对象"mEmp"。同时，给出了窗体对象"fEmp"上一个按钮的单击事件代码，试按以下功能要求完成设计：

（1）重新设置窗体标题为"信息输出"。

（2）调整窗体对象"fEmp"上的"退出"按钮（名为"bt2"）的大小和位置，要求大小与"报表输出"按钮（名为"bt1"）一致，且左边对齐"报表输出"按钮，上边距离"报表输出"按钮1cm（即"bt2"按钮的上边距离"bt1"按钮的下边1 cm）。

（3）将报表记录数据按照姓氏分组升序排列，同时要求在相关组页眉区添加一个文本框控件（命名为"tm"），设置属性使其显示出姓氏的信息，如"陈"、"刘"等。（注：这里不用考虑复姓等特殊情况，所有姓名的第1个字符视为其姓氏信息）

（4）单击窗体"报表输出"按钮（名为"bt1"），调用事件代码实现以预览方式打开报表"rEmp"，单击"退出"按钮（名为"bt2"）调用设计好的宏"mEmp"来关闭窗体。

> **说明：** 不允许修改数据库中的表对象"tEmp"和宏对象"mEmp"；不允许修改窗体对象"fEmp"和报表对象"rEmp"中未涉及的控件和属性；程序代码只允许在"*****Add*****"与"*****Add*****"之间的空行内补充一行语句来完成设计，不允许增删和修改其他位置已存在的语句。

【实训 15-6】

一、基本操作题

操作要求

在"实训 15-6"文件夹下的"samp1.accdb"数据库文件中已建立表对象"tVisitor"，同时在此文件夹下还有"exam.accdb"数据库文件。试按以下操作要求完成表对象"tVisitor"的编辑和表对象"tLine"的导入：

（1）设置"游客 ID"字段为主键。

（2）设置"姓名"字段为"必需"字段。

（3）设置"年龄"字段的"验证规则"属性为大于等于 10 且小于等于 60。

（4）设置"年龄"字段的"验证文本"属性为"输入的年龄应在 10 ~ 60 岁之间，请重新输入"。

（5）在表中输入一条新记录，内容如表 15-5 所示。其中"照片"字段的数据设置为"基本操作题 6"文件夹下的"照片 1.bmp"图像文件。

表 15-5 "tVisitor"表的新记录

游客 ID	姓 名	性 别	年 龄	电 话	照 片
001	李霞	女	20	12345	

（6）将"exam.accdb"数据库文件中的表对象"tLine"导入到"samp1.accdb"数据库文件内，表名不变。

二、简单应用题

操作要求

在"实训 15-6"文件夹下有一个数据库文件"samp2.accdb"，该数据库文件已经建立了两个表对象"tStud"和"tScore"。试按以下要求完成设计：

（1）创建一个查询，计算并输出学生最大年龄与最小年龄的差值，显示标题为"s_data"，所建查询命名为"qStud1"。

（2）建立"tStud"和"tScore"两表之间的一对一关系。

（3）创建一个查询，查找并显示数学成绩不及格的学生的"姓名"、"性别"和"数学"3个字段的内容，所建查询命名为"qStud2"。

（4）创建一个查询，计算并显示"学号"和"平均成绩"两个字段的内容，其中平均成绩是计算数学、计算机和英语 3 门课成绩的平均值，所建查询命名为"qStud3"。

说明：不允许修改表对象"tStud"和"tScore"的结构及记录数据的值。选择查询只返回了选了课的学生的相关信息。

三、综合应用题

操作要求

在"实训 15-6"文件夹下有一个数据库文件"samp3.accdb"，该数据库文件已经建立了表对象"tStud"、窗体对象"fStud"和子窗体对象"fDetail"。请在此基础上按照以下要求完成"fStud"窗体的设计：

（1）将窗体标题改为"学生查询"。

（2）将窗体的边框样式改为"细边框"，取消窗体中的水平和垂直滚动条、记录选择器、导航按钮和分隔线；将子窗体边框样式改为"细边框"，取消子窗体中的记录选择器、导航按钮和分隔线。

（3）在窗体中有两个标签控件，名称分别为"Label1"和"Label2"，将这两个标签上的文字颜色改为白色，背景颜色改为棕色（棕色代码为"#800000"）。

（4）将窗体主体区控件的【Tab】键次序改为"CItem"→"TxtDetail"→"CmdRefer"→"CmdList"→"CmdClear"→"fDetail"→"简单查询"→"Frame18"。

（5）按照以下窗体功能补充事件代码设计：在窗体中有一个组合框控件和一个文本框控件，名称分别为"CItem"和"TxtDetail"；有 2 个标签控件，名称分别为"Label3"和"Ldetail"；还有 3 个命令按钮，名称分别为"CmdList"、"CmdRefer"和"CmdClear"。在"CItem"组合框中选择某一项目后，"Ldetail"标签控件将显示所选项目名和"内容："。在"TxtDetail"文本框中输入具体项目值后，单击"CmdRefer"命令按钮，如果"CItem"和"TxtDetail"2 个控件中均有值，则在子窗体中显示查找的相应记录，如果 2 个控件中不是全有值，则显示消息框，消息框标题为"注意"，提示文字为"查询项目和查询内容不能为空！！！"，消息框中只有一个"确定"按钮；单击"CmdList"命令按钮，在子窗体中显示"tStud"表中的全部记录；单击"CmdClear"命令按钮，将"cItem"和"TxtDetail"2 个控件中的值清空。

说明：不允许修改窗体对象"fStud"和子窗体对象"fDetail"中未涉及的控件、属性和任何 VBA 代码；不允许修改表对象"tStud"；代码设计只允许在"*****Add*****"与"*****Add*****"之间的空行内补充一条语句来完成设计，不允许增删和修改其他位置已存在的语句。

【实训 15-7】

一、基本操作题

操作要求

在"实训 15-7"文件夹下的"samp1.accdb"数据库文件中已建立表对象"tStud"。试按以下操作要求完成表的编辑：

（1）将"编号"字段改名为"学号"，并设置为主键。

（2）设置"入校时间"字段的验证规则属性为 2014 年（不含）之前的时间。

（3）删除表结构中的"照片"字段。

（4）设置"年龄"字段的默认值属性为 23。

（5）删除表中学号为"000003"和"000011"的两条记录。

（6）将考试文件夹下"tStud.txt"文本文件中的数据导入并保存在表"tStud"中。

二、简单应用题

操作要求

在"实训 15-7"文件夹下有一个数据库文件"samp2.accdb"，该数据库文件已经建立了两个表对象"tEmployee"和"tGroup"。试按以下要求完成设计：

（1）创建一个查询，查找并显示没有运动爱好的职工的"编号"、"姓名"、"性别"、"年龄"和"职务"5 个字段的内容，所建查询命名为"qT1"。

（2）建立"tGroup"和"tEmployee"两表之间的一对多关系，并设置实施参照完整性。

（3）创建一个查询，查找并显示聘期超过 5 年（要求使用函数）的开发部职工的"编号"、"姓名"、"职务"和"聘用时间"4 个字段的内容，所建查询命名为"qT2"。

（4）创建一个查询，检索职务为经理的职工的"编号"和"姓名"信息，然后将两列信息合并输出（如编号为"000011"、姓名为"吴大伟"的数据输出形式为"000011 吴大伟"），并命名字段标题为"管理人员"，所建查询命名为"qT3"。

三、综合应用题

操作要求

在"实训 15-7"文件夹下有一个数据库文件"samp3.accdb"，该数据库文件已经建立了表对象"tEmp"、窗体对象"fEmp"、报表对象"rEmp"和宏对象"mEmp"。同时，给出了窗体对象"fEmp"的部分事件代码，试按以下功能要求完成设计：

（1）调整窗体对象"fEmp"上"报表输出"按钮（名为"bt1"）的位置，要求其左边对齐"退出"按钮，下边距离"退出"按钮 1 cm（即"bt1"按钮的下边距离"bt2"按钮的上边 1 cm）；调整上述两个命令按钮的【Tab】键移动顺序为先"报表输出"按钮，再"退出"按钮。

（2）调整报表对象"rEmp"，将报表记录数据先按年龄升序、再按姓名降序排列，并在相关组页眉区添加一个文本框控件（命名为"ta"），设置属性使其显示"年龄"字段信息，如"18"、"19"等。

（3）窗体加载事件实现的功能是显示窗体标题，显示内容为"****年度报表输出"，其中****4 位为系统当前年份，请补充加载事件代码，要求使用相关函数获取当前年份。

（4）窗体中有"报表输出"和"退出"两个按钮，功能是：单击"报表输出"按钮（名为"bt1"）后，首先将"退出"按钮标题显示为红色（红色代码为"#FF0000"），然后以预览方式打开报表" rEmp"；单击"退出"按钮（名为"bt2"）调用宏"mEmp"。按照以上功能补充相关事件代码，要求考虑错误处理。

说明：不允许修改数据库中的表对象"tEmp"和宏对象"mEmp"；不允许修改窗体对象"fEmp"和报表对象"rEmp"中未涉及的控件和属性；只允许在"*****Add*****"与"*****Add*****"之间的空行内补充语句来完成设计，不允许增删和修改其他位置已存在的语句。

【实训 15-8】

一、基本操作题

操作要求

在"实训 15-8"文件夹下有一个 Excel 文件"Test.xlsx"和一个数据库文件"samp1.accdb"。"samp1.accdb"数据库文件中已建立 3 个表对象（名为"线路"、"游客"和"团队"）。试按以下要求完成表和窗体的各种操作：

（1）将"线路"表中的"线路 ID"字段设置为主键，设置"天数"字段的验证规则为大于 0。

（2）将"团队"表中的"团队 ID"字段设置为主键，添加"线路 ID"字段，数据类型为"短文本"，字段大小为 8。

（3）将"游客"表中的"年龄"字段删除；再添加两个字段，字段名分别为"证件编号"和"证件类别"；"证件编号"的数据类型为"短文本"，字段大小为 20 磅；使用查阅向导建立"证件类别"字段的数据类型，向该字段输入的值为"身份证"、"军官证"和"护照"。

（4）将"实训 15-8"文件夹下"Test.xlsx"文件中的数据链接到当前数据库中。要求：数据中的第 1 行作为字段名，链接表对象命名为"tTest"。

（5）建立"线路"、"团队"和"游客"3 个表之间的关系，并设置实施参照完整性。

二、简单应用题

操作要求

在"实训 15-8"文件夹下有一个数据库文件"samp2.accdb"，该数据库文件已经建立了表对象"档案表"和"水费"，试按以下要求完成设计：

（1）设置"档案表"表中的"性别"字段的"验证规则"为其值只能为"男"或"女"，"验证文本"为"性别字段只能填写男或女"。

（2）创建一个查询，查找未婚职工的记录，并显示"姓名"、"出生日期"和"职称"3个字段的内容。所建查询名为"qT1"。

（3）创建一个更新查询，用于计算水费。计算公式：水费 =3.7×（本月水数 - 上月水数）。所建查询名为"qT2"。要求运行该查询，得到水费值。

（4）创建一个查询，查找水费为零的记录，并显示"姓名"字段，所建查询名为"qT3"。

三、综合应用题

操作要求

在"实训 15-8"文件夹下有一个数据库文件"samp3.accdb"，该数据库文件已经建立了表对象"tEmp"、窗体对象"fEmp"、报表对象"rEmp"和宏对象"mEmp"。试在此基础上按照以下要求补充设计：

（1）设置报表"rEmp"按照"性别"字段分组降序排列输出，同时在其对应组页眉区添加一个文本框，命名为"SS"，内容输出为性别值；将报表页面页脚区内名为"tPage"的文本框控件设置为以"页码 / 总页数"的形式显示页码（如 1/15、2/15、…）。

（2）将窗体对象"fEmp"上的命令按钮（名为"btnQ"）从灰色的不可用状态设为可用，然后设置控件的【Tab】键次序为：控件"tData" → "btnP" → "btnQ"。

（3）在窗体加载事件中通过代码实现重置窗体内标签"bTitle"的标题内容。

（4）在"fEmp"窗体上单击"输出"命令按钮（名为"btnP"），实现以下功能：计算 10 000 以内的素数个数及最大素数两个值，将其显示在窗体上名为"tData"的文本框内并输出到外部文件保存。单击"打开表"命令按钮（名为"btnQ"），代码调用宏对象"mEmp"以打开数据表"tEmp"。试根据上述功能要求，对已给的命令按钮事件过程进行代码补充并调试运行。

> **说明：** 不允许修改数据库中的表对象"tEmp"和宏对象"mEmp"；不允许修改窗体对象"fEmp"和报表对象"rEmp"中未涉及的控件和属性；只允许在"******Add******"与"*****Add******"之间的空行内补充语句来完成设计，不允许增删和修改其他位置已存在的语句。

附录 A
课程实训说明

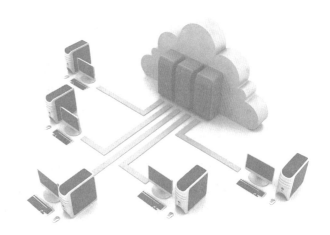

　　课程实训是以数据库应用系统的开发过程和方法为指导，以综合性的典型工作任务为载体，采用项目开发的方式，对所学的课程进行实践应用能力的训练。目的在于全面地熟悉和掌握数据库应用系统开发的一般方法和实现过程。同时，具备进行简单数据库应用系统设计与开发的能力，能够对实际工作中的数据库管理系统的构成与使用有相应的规划，并进行实地开发，以达到培养学生分析问题、解决问题的综合能力。

一、实训目的

实训要达到以下几个层面的目的。

1. 知识层面
- 数据库的基础知识。
- 数据库设计的基本过程和方法。
- Access 2016 数据库的基本概念。
- 开发小型数据库应用系统的方法。

2. 技能层面
- 小型数据库应用系统的设计能力。
- 创建和管理数据库的能力。
- 分析和创建表的能力。
- 设计查询的能力。
- 设计并创建交互界面—窗体的能力。
- 设计并创建报表的能力。
- 设计并使用宏的能力。
- 编写程序实现复杂应用的能力。
- 小型数据库应用系统的实施与维护能力。

3. 素质层面
- 培养分析问题、解决问题的能力。
- 培养团队协作精神，增强计划协作能力。

- 培养资料检索能力，增强自学能力。
- 锻炼论文写作能力，增强文字处理能力。
- 培养总结交流能力，增强语言表达能力。

二、实训任务

课程实训的题目以选用相对比较熟悉和感兴趣的业务模型和流程为宜，要求通过本实践教学环节，能够较好地巩固数据库的基本概念、基本原理、关系数据库的设计理论、设计方法等主要相关知识点，针对实际问题设计概念模型，并应用 Access 2016 完成小型数据库的设计与实现。

1. 参考选题

- 超市进销存管理系统。
- 工资管理系统。
- 人事管理系统。
- 学生管理系统。
- 图书馆管理系统。
- 班级管理系统。
- 考勤管理系统。
- 质量管理系统。
- 仓库管理系统。
- 财务管理系统。
- 销售管理系统。

2. 自选题目

根据本人兴趣及熟悉的业务模型自拟题目。

三、实训要求及进度安排

（1）学生分组：以教学班级为单位，3 ~ 6 人一组。

（2）布置实训任务：根据课程进度，分组选题。

（3）完成实训任务书：围绕选定的题目进行调研、查资料、业务分析、可行性研究，进行系统分析与建模、系统设计等工作，并撰写系统分析与设计文档，提交实训任务书。

（4）系统实现：根据教学进度，逐步完成表、查询、窗体、报表等对象的设计和制作。

四、提交成果（作业）形式

实训成果主要由实训任务书、实训设计报告、实训总结和数据库应用系统软件组成。具体要求如下：

（1）实训任务书应包含实训项目基本情况、实训任务描述、计划进度等，按分组每组提交一份。

（2）实训设计报告中应包含对系统的需求分析、功能模块设计、E-R 图和表的详细设计、实训体会等内容。按分组每组提交一份。

（3）实训总结中应包含实训目的、任务、完成情况、总结、心得体会等内容，每组提交一份，每人提交一份个人总结。